浙江省普通高校"十三五"新形态教材

高等职业教育系列教材

组态控制技术

主　编　董玲娇　颜晓河

副主编　陈荷荷　王石磊

参　编　郑泽祥　刘伟建

机械工业出版社

本书以北京昆仑通态自动化软件科技有限公司 MCGS 通用版组态软件为例，介绍了通用工业自动化软件的应用技术。全书共设有 4 个学习项目，项目 1 为 MCGS 组态软件简介，项目 2～项目 4 采用"模块化"设计，分别讲述储液罐水位监控系统、机械手监控系统与电动大门监控系统设计方法。

本书配备丰富的教学资源，包括可扫描二维码观看的微课教学视频，以及教学设计、电子课件、授课计划、MCGS 通用版组态安装软件等，读者可登录机械工业出版社教育服务网（www.cmpedu.com）免费注册，审核通过后下载或者登录浙江省高等学校在线开放课程平台（www.zjooc.cn）在线观看。

本书可作为职业院校以及应用型本科院校的电气自动化技术、机电一体化技术、机器人控制技术、计算机控制技术、生产过程自动化技术等专业的相关课程教材，也可作为相关技术人员继续教育的培训教材。

图书在版编目（CIP）数据

组态控制技术 / 董玲娇，颜晓河主编. —北京：机械工业出版社，2021.7
（2025.1 重印）
高等职业教育系列教材
ISBN 978-7-111-68103-8

Ⅰ. ①组…　Ⅱ. ①董…　②颜…　Ⅲ. ①自动控制-高等职业教育-教材
Ⅳ. ①TP273

中国版本图书馆 CIP 数据核字（2021）第 076186 号

机械工业出版社（北京市百万庄大街 22 号　邮政编码 100037）
策划编辑：汤　枫　　责任编辑：汤　枫
责任校对：张艳霞　　责任印制：张　博
北京雁林吉兆印刷有限公司印刷

2025 年 1 月第 1 版·第 7 次印刷
184mm×260mm·10.75 印张·261 千字
标准书号：ISBN 978-7-111-68103-8
定价：49.00 元

电话服务　　　　　　　　　　网络服务
客服电话：010-88361066　　机　工　官　网：www.cmpbook.com
　　　　　010-88379833　　机　工　官　博：weibo.com/cmp1952
　　　　　010-68326294　　金　书　网：www.golden-book.com
封底无防伪标均为盗版　　　机工教育服务网：www.cmpedu.com

前　言

《组态控制技术》是国家级职业教育教师教学创新团队课题（课题编号：SJ2020010102）和浙江省高等教育"十三五"人才培养项目（项目编号：jg20190733）支撑建设的课程教材，并入选 2020 年浙江省普通高校"十三五"新形态教材建设项目。

党的二十大报告提出，加快建设制造强国、质量强国、航天强国、交通强国、网络强国、数字中国。这为智能制造发展提供了新机遇。智能制造离不开自动化技术的发展与革新。随着计算机信息技术、网络技术的快速发展，以及工业自动化水平的迅速提高，组态控制技术作为自动化技术中一个极其重要的组成部分，正突飞猛进地发展着，近几年组态新技术、新产品层出不穷。

组态软件是标准化、规模化、商品化的通用工控开发软件，具有延续性、可扩充性以及易学易用性等主要特点，能将复杂的工控技术，特别是将繁重而又冗长的编程工作简单化，使得工控开发变得简单而高效。组态、触摸屏与 PLC 在工业生产中已占据了非常重要的地位，尤其是在流程工业控制中，组态控制软件、智能仪表、PLC 控制器以及现场总线等更是构成其核心的技术。因此在组态控制技术飞速发展的今天，企业对组态技术应用型人才的需求也在逐年增加，对其要求也在不断提高。广大工程技术人员以及高等院校师生迫切需要一本以典型工作项目为载体，以实际工作过程为导向的"新形态"教材，辅学辅教。

基于上述背景，并以高职院校和应用型本科院校的电气自动化技术及相关专业的人才培养岗位能力要求为依据，课题组董玲娇、颜晓河、陈荷荷等老师联合企业技术人员编写本书。在编写过程中借鉴 CDIO 工程教育理念，将工业组态技术的核心能力点和知识点融入"储液罐水位监控系统设计""机械手监控系统设计"和"电动大门监控系统设计"三个企业真实且典型的项目中。并采用项目化编写方式，每个项目均包含多个任务，展开后都是一个独立完整的工作过程。三个项目相互之间的知识点和能力点相互关联，但难易程度由简单到复杂，读者通过渐次完成复杂的工作任务，可逐步提升工程实践能力，以便对组态进行系统掌握和应用。

编者在编写过程中参阅了许多同行、专家的教材和资料，得到了不少的灵感和启发，在此致以深深的谢意。由于编者经验、水平有限，本书难免有不足之处，敬请读者批评指正。

编　者

目　　录

项目 1　MCGS 组态软件简介

学习目标

◇ 掌握 MCGS 组态软件的系统构成；
◇ 掌握 MCGS 组态软件安装与运行方法；
◇ 了解 MCGS 组态过程。

知识点与技能点

知识点：

1. 掌握组态软件的体系结构与五大组成部分；
2. 掌握组态用户窗口步骤与数据库构造方法；
3. 掌握动画构件工具箱、常用图符工具箱和设备工具箱的用途；
4. 掌握常用动画构件图形符号、常用策略构件的功能；
5. 掌握动画连接与运行策略的分类。

技能点：

1. 能独立完成组态软件的安装；
2. 能以多种方式启动 MCGS 组态环境；
3. 能根据要求设置用户窗口基本属性；
4. 能根据要求创建菜单与策略构件。

任务 1.1　MCGS 软件入门

一、什么是 MCGS 软件

MCGS（Monitor and Control Generated System，通用监控系统）是一套用于快速构造和生成计算机监控系统的组态软件，它能够在基于 Microsoft 的各种 32 位 Windows 平台上运行。MCGS 为用户提供了解决实际工程问题的完整方案和开发平台，能够完成现场数据采集、实时和历史数据处理、报警和安全机制、流程控制、动画显示、趋势曲线和报表输出以及企业监控网络等功能。使用 MCGS，用户无须具备计算机编程的知识，就可以在短时间内轻而易举地完成一个运行稳定、功能全面、维护量小并且具备专业水准的计算机监控系统的开发工作。

二、MCGS 软件的系统构成

1. MCGS 组态软件的整体结构

MCGS 软件系统包括组态环境和运行环境，两部分相互独立，又紧密相连。MCGS 组态环境是生成用户应用系统的工作环境，由可执行程序McgsSet.exe 支持，其存放于 MCGS 目录的 Program 子目录中。用户在 MCGS 组态环境中完成动画设计、设备连接、编写控制流程、编制工程打印报表等全部组态工作后，生成扩展名为.mcg 的工程文件，又称为组态结果数据库，其与 MCGS 运行环境一起，构成了用户应用系统，统称为"工程"。组态环境相当于一套完整的工具软件，帮助用户设计和构造自己的应用系统。

MCGS 运行环境是一个独立的运行系统，由可执行程序 McgsRun.exe 支持，其存放于 MCGS 目录的 Program 子目录中。它按照组态结果数据库中用户指定的方式进行各种处理，完成用户组态设计的目标和功能。运行环境本身没有任何意义，必须与组态结果数据库一起作为一个整体，才能构成用户应用系统。一旦组态工作完成，运行环境和组态结果数据库就可以离开组态环境而独立运行在监控计算机上。

用户组态生成的结果是一个数据库文件，称为组态结果数据库。组态结果数据库完成了 MCGS 从组态环境向运行环境的过渡，它们之间的关系如图 1-1 所示。

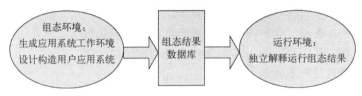

图 1-1 MCGS 整体结构关系

2. MCGS 组态软件的五大组成部分

MCGS 组态软件所建立的工程由主控窗口、设备窗口、用户窗口、实时数据库和运行策略五部分构成，如图 1-2 所示，每一部分分别进行组态操作，完成不同的工作，具有不同的特性。

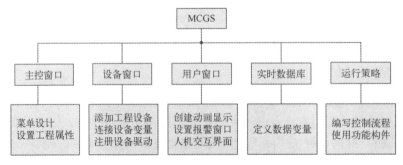

图 1-2 MCGS 的五大组成部分

1) 主控窗口（见图 1-3）：主控窗口构造了应用系统的主框架，是用户应用系统的主窗口，能展现工程的总体外观。主控窗口负责调度和管理用户窗口的打开或关闭。主要的组态操作包括：定义工程的名称、编制工程菜单、设计封面图形、确定自动启动的窗口、设定动画刷新周期、指定数据库存盘文件名称及存盘时间等。

图 1-3　主控窗口

2）设备窗口（见图 1-4）：设备窗口是 MCGS 与外部设备联系的媒介。设备窗口是连接和驱动外部设备的工作环境，专门用来放置不同类型和功能的设备构件，实现对外部设备的操作和控制。设备窗口通过设备构件把外部设备的数据采集进来，送入实时数据库，或把实时数据库中的数据输出到外部设备。一个应用系统只有一个设备窗口，运行时，系统自动打开设备窗口，管理和调度所有设备构件正常工作，并在后台独立运行。注意，对用户来说，设备窗口是不可见的。

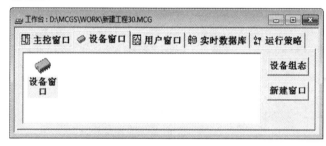

图 1-4　设备窗口

3）用户窗口（见图 1-5）：用户窗口实现数据和流程的"可视化"。本窗口主要用于设置工程中人机交互的界面，诸如生成各种动画显示画面、报警输出、数据与曲线图表等。用户窗口中可以放置三种不同类型的图形对象，即图元、图符和动画构件。图元和图符对象为用户提供了一套完善的设计制作图形画面和定义动画的方法。动画构件对应于不同的动画功能，它们是从工程实践经验中总结出的常用的动画显示与操作模块，用户可以直接使用。通过在用户窗口内放置不同的图形对象，可搭制多个用户窗口，用户可以构造各种复杂的图形界面，用不同的方式实现数据和流程的"可视化"。

4）实时数据库（见图 1-6）：实时数据库是 MCGS 的核心。实时数据库相当于一个数据处理中心，同时也起到公用数据交换区的作用，它将 MCGS 工程的各个部分连接成有机的整体。MCGS 用实时数据库来管理所有实时数据，在本窗口内定义不同类型和名称的变量，作为数据采集、处理、输出控制、动画连接及设备驱动的对象。从外部设备采集来的实时数据送入实时数据库，系统其他部分操作的数据也来自于实时数据库。实时数据库自动完成对实时数据的报警处理和存盘处理，同时它还根据需要把有关信息以事件的方式发送给系统的其他部分，以便触发相关事件，进行实时处理。因此，实时数据库所存储的单元，不单单是变量的数值，还包括变量的特征属性及对该变量的操作方法，例如报警属性、报警处理和存盘处理等。这种将数值、属性、方法封装在一起的数据称为数据对象。实时数据库采用面向对象的技术，为其他部分提供服务，提供了系统各个功能部件的数据共享。

图 1-5　用户窗口

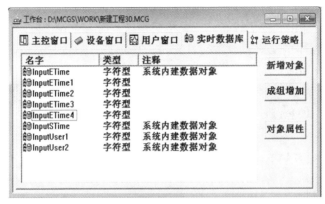

图 1-6　实时数据库

5）运行策略（见图 1-7）：运行策略是对系统运行流程实现有效控制的手段。本窗口主要完成工程运行流程的控制，包括编写控制程序、选用各种功能构件，如数据提取、历史曲线、定时器、配方操作、多媒体输出等。运行策略本身是系统提供的一个框架，其里面放置有策略条件构件和策略构件组成的"策略行"，通过对运行策略的定义，使系统能够按照设定的顺序和条件操作实时数据库、控制用户窗口的打开或关闭并确定设备构件的工作状态等，从而实现对外部设备工作过程的精确控制。

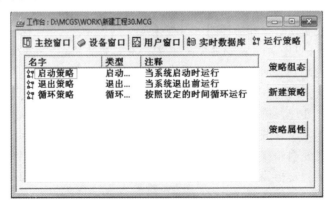

图 1-7　运行策略

任务 1.2 MCGS 软件的安装

1）登录 MCGS 官方网站，下载 MCGS 软件包，解压压缩包后找到"Setup.exe"，双击后弹出 MCGS 组态软件安装界面，如图 1-8 所示。

图 1-8　MCGS 组态软件安装界面

2）单击"安装 MCGS 组态软件通用版"，开始安装，弹出选择安装程序界面，建议保持默认选择，同时勾选"安装 MCGS 主程序"和"安装 MCGS 驱动"复选框，如图 1-9 所示。

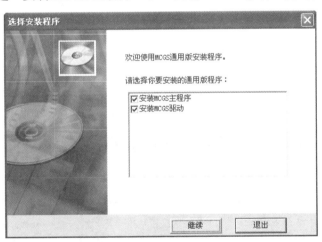

图 1-9　选择安装程序界面

3）在图 1-9 中单击"继续"按钮，弹出 MCGS 通用版组态软件安装界面，如图 1-10 所示。

4）在图 1-10 中单击"下一步"按钮，弹出 MCGS 安装向导界面，如图 1-11 所示。

5）在图 1-11 中单击"下一步"按钮，弹出 MCGS 安装目录选择界面，安装程序将提示用户指定安装的目录，如果用户没有指定，系统默认安装到"D:\MCGS"路径下，建议使用默认安装目录，如图 1-12 所示。

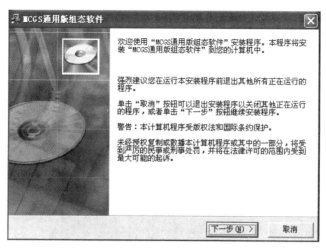

图 1-10 MCGS 通用版组态软件安装界面

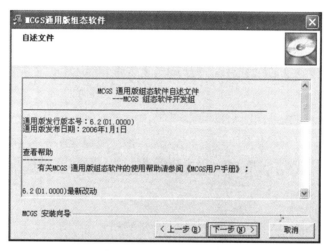

图 1-11 MCGS 安装向导

图 1-12 MCGS 安装目录选择界面

6）在图 1-12 中，单击"下一步"按钮，弹出 MCGS 主程序准备安装界面，如图 1-13 所示。

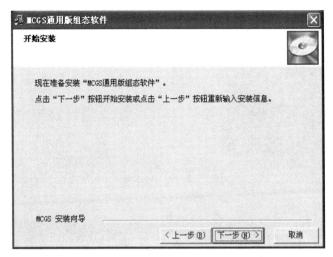

图 1-13　MCGS 主程序准备安装界面

7）在图 1-13 中单击"下一步"按钮，开始安装，安装过程持续时间显示正在安装界面中，如图 1-14 所示。

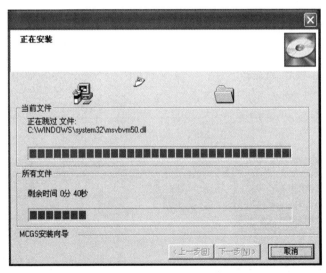

图 1-14　主程序正在安装提示界面

8）MCGS 通用版组态软件安装成功，弹出主程序成功安装提示界面，如图 1-15 所示。

9）在图 1-15 中单击"完成"按钮，弹出 MCGS 通用版驱动安装界面，如图 1-16 所示。

10）在图 1-16 中单击"下一步"按钮，弹出驱动安装选择界面，如图 1-17 所示。

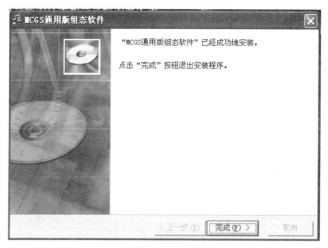

图 1-15 主程序成功安装提示界面

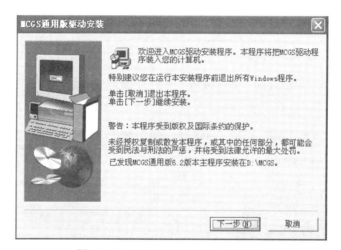

图 1-16 MCGS 通用版驱动安装界面

图 1-17 驱动安装选择界面

11）在图 1-17 中勾选"所有驱动"复选框，否则仪表驱动程序安装不上。单击"下一步"按钮，开始安装驱动，整个安装过程显示安装进度指示界面，如图 1-18 所示。

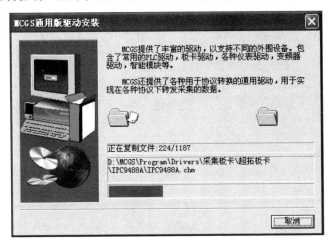

图 1-18　驱动正在安装提示界面

12）驱动安装完毕，弹出驱动安装成功提示界面，如图 1-19 所示。

图 1-19　驱动安装成功提示界面

13）在图 1-19 中单击"完成"按钮，弹出安装完成对话框，上面有两种选择："确定"和"取消"，如图 1-20 所示。建议选择"确定"按钮，重新启动计算机后再运行组态软件。

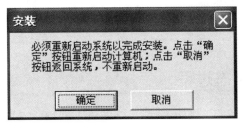

图 1-20　MCGS 安装完成对话框

14）安装完成后，在用户指定的目录（或系统默认目录 D:\MCGS）下创建有三个子目录：Program、Samples 和 Work，如图 1-21 所示。组态环境和运行环境对应的两个执行文件以及 MCGS 中用到的设备驱动、动画构件及策略构件存放在子目录 Program 中，样例工程文件存放在 Samples 目录下，Work 子目录则是用户的默认工作目录。

图 1-21　指定安装路径下创建的三个子目录

Windows 操作系统的桌面上添加了"MCGS 组态环境"和"MCGS 运行环境"图标，如图 1-22 所示，分别用于启动 MCGS 的组态环境和运行环境。同时，Windows 在开始菜单中也添加了相应的 MCGS 组态软件程序组，此程序组包括 MCGS 电子文档、MCGS 运行环境、MCGS 自述文件、MCGS 组态环境和卸载 MCGS 组态软件五项内容，如图 1-23 所示。MCGS 组态环境和 MCGS 运行环境为软件的主体程序，MCGS 自述文档描述了软件发行时的最后信息，MCGS 电子文档则包含了有关 MCGS 最新的帮助信息。

图 1-22　MCGS 图标

图 1-23　MCGS 程序开始菜单

任务 1.3　MCGS 组态过程

使用 MCGS 完成一个实际的应用系统，首先必须在 MCGS 的组态环境下进行系统的组态生成工作，然后将系统放在 MCGS 的运行环境下运行。在 MCGS 组态环境下构造一个用户应用系统通常包括如下过程：

① 工程整体规划；

② 工程建立；

③ 构造实时数据库；

④ 组态用户窗口；

⑤ 组态主控窗口；

⑥ 组态设备窗口；

⑦ 组态运行策略；

⑧ 组态结果检查。

1. 工程整体规划

使用 MCGS 构造实际应用系统之前，应进行工程的整体规划，以保证项目的顺利实施。工程设计人员首先要了解整个工程的系统构成、工艺流程和测控对象的特征，明确主要的监控要求和技术要求等问题，再确定所构造的系统应实现哪些功能，然后根据所需实现的功能考虑实时数据库中具体需定义哪些数据变量、控制流程如何实现、用户窗口界面如何设计、动画效果如何制作等。同时还要分析工程中设备的采集及输出通道与实时数据库中定义的变量对应关系，分清哪些变量是要求与设备连接的、哪些变量是软件内部用来传递数据及用于实现动画显示的等问题。

2. 工程建立

（1）启动 MCGS 组态环境

在 Windows 系统桌面上，通过以下三种方式中的任一种，都可以进入 MCGS 组态环境。

方法 1：鼠标双击 Windows 桌面上的"MCGS 组态环境"图标。

方法 2：选择"开始"→"程序"→"MCGS 组态软件"→"MCGS 组态环境"命令。

方法 3：使用组合键〈Ctrl+Alt+G〉；

（2）新建一个工程

进入 MCGS 组态环境后，单击工具条上的"新建"按钮，或执行"文件"菜单中的"新建工程"命令，系统自动创建一个名为"新建工程 31.MCG"的新工程，如图 1-24 所示。由于尚未进行组态操作，新工程仅是一个包含五个基本组成部分的结构框架，接下来要逐步在框架中配置不同的功能部件，构造完成特定任务的应用系统。

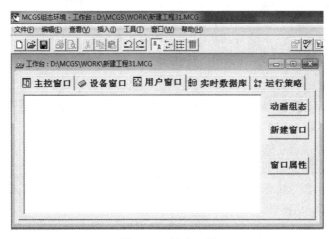

图 1-24　新建工程

3．构造实时数据库

实时数据库的构造分为数据对象的定义和属性设置两个步骤。所谓数据对象，是指使用 MCGS 构造实际应用系统时，将实际工程问题进行简化和抽象化处理，即代表工程特征的所有物理量。数据对象是实时数据库的基本单元，MCGS 的实时数据库包含多个数据对象，是应用系统的数据处理中心。

二维码 1-3
变量类型

（1）定义数据对象

在实际应用系统组态过程中，一般无法一次完成工程所需全部数据对象的定义，而是根据实际情况需要逐步增加。鼠标单击工作台的"实时数据库"选项卡，进入实时数据库页面。单击"新增对象"按钮，在窗口的数据变量列表中，增加新的数据变量，多次单击该按钮，则增加多个数据变量，系统默认定义的名称为"Data1""Data2""Data3"等，如图 1-25 所示。

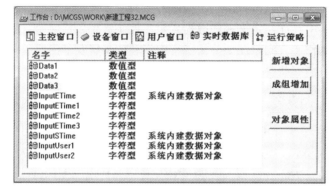

图 1-25　数据对象定义

所定义的数据对象不仅包含了数值类型，还包括参数的属性及其操作方法。另外，MCGS 数据库窗口中的数据对象作用域是全局的，数据对象的各个属性在整个运行过程中都保持有效，系统中的其他部分都能对实时数据库中的数据对象进行操作处理，类似于 C 语言中的全局变量。

（2）设置数据对象属性

MCGS 把数据对象的属性封装在对象内部，作为一个整体，由实时数据库统一管理。对象的属性包括基本属性、存盘属性和报警属性。

基本属性设置：鼠标单击图 1-25 中"对象属性"按钮或双击对象名，显示"数据对象属性设置"对话框的"基本属性"选项卡，如图 1-26 所示。在基本属性设置页面中，可以完成数据对象名称修改、对象初值设置、数据对象类型选择以及完成对象内容注释等操作。

存盘属性设置：MCGS 把数据的存盘处理作为一种属性或者一种操作方法，封装在数据内部，作为整体处理。用户的存盘要求在"存盘属性"选项卡中设置，存盘方式有两种：按变化量存盘和定时存盘，如图 1-27 所示。运行过程中，实时数据库自动完成数据存盘工作，用户不必考虑这些数据如何存储以及存储在什么地方。

报警属性设置：在 MCGS 中，报警被作为数据对象的属性，封装在数据对象内部，由实时数据库统一处理，用户只需合理设置"报警属性"选项卡中所列的项目，如图 1-28 所示。运行时，实时数据库判断对应的数据对象是否发生了报警或已产生的报警是否已经结束，并把所产生的报警信息通知给系统的其他部分，同时，实时数据库根据用户的组态设定，把报警信息存入指定的存盘数据库文件中。

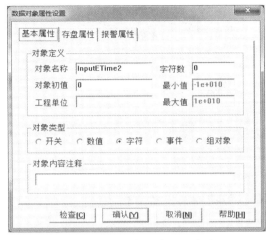

图 1-26 基本属性设置页面

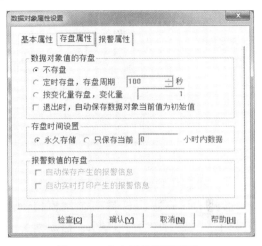

图 1-27 存盘属性设置页面

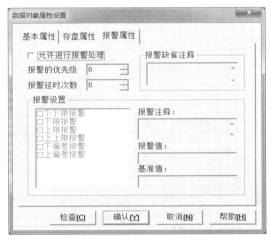

图 1-28 报警属性设置页面

4. 组态用户窗口

MCGS 以窗口为单位来组建应用系统的图形界面，创建用户窗口后，通过放置各种类型的图形对象，例如图元、图符、动画构件等，定义相应的属性，为用户生成漂亮、生动、具有多种风格和类型的动画画面。组态用户窗口通常包括创建用户窗口、设置用户窗口属性、创建图形对象、编辑图形对象等步骤。

（1）创建用户窗口

鼠标单击工作台的"用户窗口"选项卡，进入用户窗口页面。单击"新建窗口"按钮，或执行菜单中的"插入"→"用户窗口"命令，即可创建一个新的用户窗口，以图标形式显示，多次单击该按钮，则增加多个窗口，系统默认定义的名称为"窗口 0""窗口 1""窗口 2"等，如图 1-29 所示。

图 1-29　用户窗口

（2）设置用户窗口属性

新建的用户窗口只是一个空窗口，用户可以根据需要设置窗口的属性，包括用户窗口的基本属性、扩充属性、启动脚本、循环脚本和退出脚本设置。选择待设置的用户窗口图标，例如图 1-29 中的"窗口 0"，采用如下方法，弹出"用户窗口属性设置"对话框。

方法 1：单击图 1-29 工作台窗口中的"窗口属性"按钮。

方法 2：单击鼠标右键，弹出如图 1-30 所示的快捷菜单，选择"属性"选项。

图 1-30　窗口快捷菜单

方法 3：单击工具条中的"显示属性"按钮 。

方法 4：使用组合键〈Alt+Enter〉。

基本属性设置：包括窗口名称、窗口标题、窗口背景、窗口位置、窗口边界等内容，其中窗口位置、窗口边界不可用，如图 1-31 所示。

扩充属性设置：包括窗口外观、窗口坐标和窗口视区大小等内容。窗口视区大小是指实际可用的区域，与屏幕上所见的区域可以不同，当选择视区大于可见区时，窗口侧边附加滚动条，操作滚动条可以浏览窗口内所有的图形对象，如图 1-32 所示。

脚本控制：包括启动脚本、循环脚本和退出脚本，启动脚本在用户窗口打开执行脚本，循环脚本是在窗口打开期间以指定的间隔循环执行，退出脚本则是在用户窗口关闭时执行。

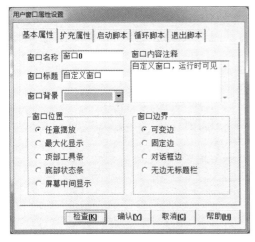
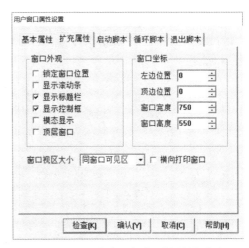

图 1-31　用户窗口基本属性设置页面　　　　图 1-32　用户窗口扩充属性设置页面

（3）创建图形对象

MCGS 提供了三类图形对象供用户选用，即图元对象、图符对象和动画构件。这些图形对象位于常用图符工具箱（见图 1-33）和动画构件工具箱（见图 1-34）内，用户从工具箱中选择所需要的图形对象，配置在用户窗口内，即可创建各种复杂的图形。

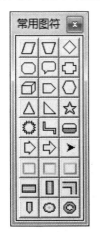

图 1-33　常用图符工具箱　　　　　　图 1-34　动画构件工具箱

（4）编辑图形对象

图形对象创建完成后，要对图形对象进行各种编辑工作，如图形的位置和排列形式调整、图形的旋转及组合分解等操作，MCGS 提供了完善的编辑工具（见图 1-35），使用户能快速制作各种复杂的图形界面，以图形方式精确表示外部物理对象。

（5）定义动画连接

所谓动画连接，实际上是将用户窗口内创建的图形对象与实时数据库中定义的数据对象，建立相关性连接，并设置相应的动画属性。在系统运行过程中，图形对象的外观和状态特征，由数据对象的实时采集值驱动，从而实现了图形真实地描述外界对象的状态变化，达到过程实时监控的目的。在 MCGS 中，每个图元、图符对象动画连接分为颜色动画连接、位置动画连接、输入输出连接和特殊动画连接四大类，包括填充颜色连接、边线颜色连接、字符颜色连接、水平移动连接、垂直移动连接、大小变化连接、显示输出连接、按钮输入连接、按钮动作连接、可见度连接、闪烁效果连接共 11 种动画连接方式，如图 1-36 所示。

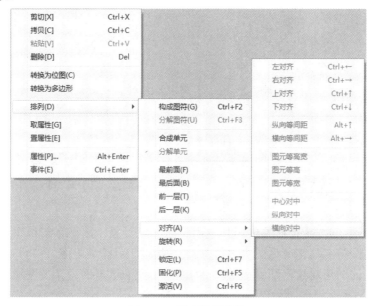

图 1-35　图形编辑菜单

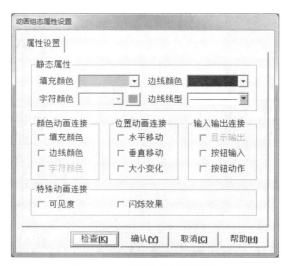

图 1-36　动画组态属性设置

（6）动画构件连接

为了简化用户程序设计工作量，MCGS 将工程控制与实时监测作业中常用的物理器件，制成独立的图形存储于图库中，供用户调用，这些能完成特定动画功能的独立实体称为动画构件，它们包含比图元和图符更多的特性与功能。在组态时，只需要建立动画构件与实时数据库中数据对象的对应关系，就能完成动画构件的连接。目前 MCGS 能提供 20 余种动画构件，供用户在图形对象组态配置时选用，具体如下。

输入框构件：用于输入和显示数据。

流动块构件：实现模拟流动效果的动画显示。

百分比填充构件：实现按百分比控制颜色填充的动画效果。

标准按钮构件：接收用户的按键动作，执行不同的功能。

动画按钮构件：显示内容随按钮的动作变化。

旋钮输入构件：以旋钮的形式显示输入数据对象的值。

滑动块输入构件：以滑动块的形式显示输入数据对象的值。

旋转仪表构件：以旋转仪表的形式显示数据。

动画显示构件：以动画的方式切换显示所选择的多幅画面。

实时曲线构件：显示数据对象的实时数据变化曲线。

历史曲线构件：显示历史数据的变化趋势。

报警显示构件：显示数据对象所产生的报警信息。

自由表格构件：以表格的形式显示数据对象的值。

历史表格构件：以表格的形式显示历史数据，可以用来制作历史数据报表。

存盘数据浏览构件：用表格形式浏览存盘数据。

文件播放构件：用于播放 BMP、JPG 格式的图像文件和 AVI 格式的动画文件。

多行文本：用于显示、编辑超过一行的文本内容，最大不超过 64 KB。

存盘数据处理：通过 MCGS 变量，对数据实现各种操作和数据统计处理。

条件曲线：按用户指定时间、数值、排序等条件，以曲线的形式显示数据。

格式文本：用于显示带有格式信息的文本（RTF）文件。

相对曲线：显示一个或若干个变量相对于某一指定变量的函数关系。

计划曲线：根据用户预先设定的数据变化情况，运行时自动地对相应的变量值进行设置。

设置时间：用于设置时间范围。

选择框：以下拉列表框的形式，选择打开选定窗口、运行指定的策略或在一组字符串中选择其中之一。

通用棒图：将数据变量的值，实时地以棒图或累加棒图的形式显示出来。

5. 组态主控窗口

主控窗口是用户应用系统的主窗口，也是应用系统的主框架，展现工程的总体外观，负责调度设备窗口的工作、管理用户窗口的打开和关闭、驱动动画图形和调度用户策略的运行等工作。主控窗口组态包括"菜单组态"和主控窗口中"系统属性"的设置，如图 1-37 所示。

图 1-37　主控窗口

（1）菜单组态

对于一个新建的工程，MCGS 提供了一套默认菜单，用户也可以根据需要设计自己的菜单。鼠标双击图 1-37 中的"主控窗口"图标，或者单击"菜单组态"按钮，弹出菜单组态窗口，如图 1-38 所示。利用窗口工具条的"新增菜单"按钮 ⬚、"新增菜单项"按钮 ⬚ 和相关菜单项，进行菜单项的插入、删除、位置调整、设置分隔线、制作下拉菜单等操作，如图 1-39 所示。

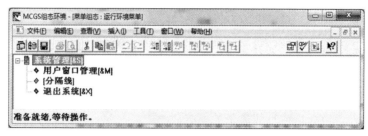

图 1-38　菜单组态窗口

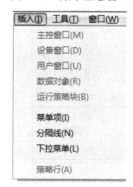

图 1-39　菜单项命令

鼠标双击已添加的菜单项，显示"菜单属性设置"对话框，根据实际需求完成菜单属性、菜单操作设置和脚本程序设计。由于主控窗口的职责是调度与管理其他窗口，因此所建立的菜单命令可以完成执行运行策略块、数据对象值操作、打开用户窗口等七种工作，如图 1-40 所示。

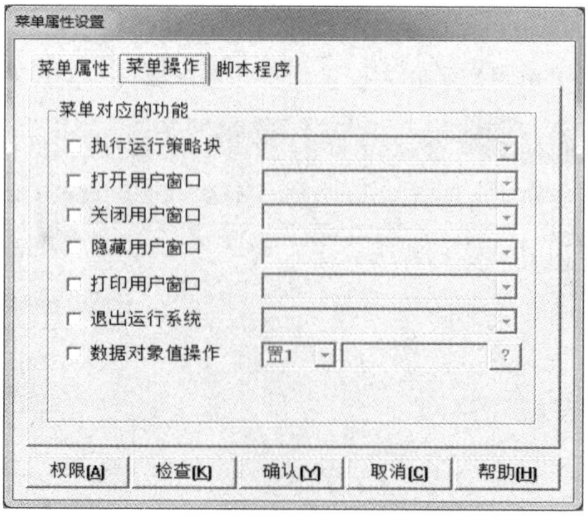

图 1-40　"菜单属性设置"对话框

（2）系统属性设置

选中"主控窗口"图标，鼠标单击工作台窗口中的"系统属性"按钮，或者单击工具条中的"显示属性"按钮，或者选择"编辑"菜单中的"属性"选项，显示"主控窗口属性设置"对话框，如图 1-41 所示。分为下列 5 种属性，按选项卡分别进行设置。

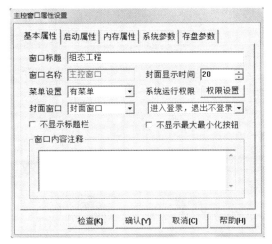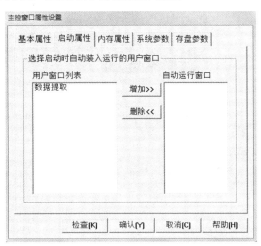

图 1-41 "主控窗口属性设置"对话框

基本属性：指明反映工程外观的显示要求，包括窗口标题、系统启动时首页显示的画面等。

启动属性：指定系统启动时自动装入运行的用户窗口。

内存属性：指定系统启动时自动装入内存的用户窗口。运行过程中，打开装入内存的用户窗口可提高画面的切换速度。

系统参数：设置系统运行时的相关参数，主要是周期性运作项目的时间要求，例如，画面刷新的周期时间、图形闪烁的周期时间等。建议采用默认值，一般情况下不需要修改这些参数。

存盘参数：指定存盘数据文件的名称、保存的报警记录天数等属性。

6. 组态设备窗口

MCGS 为用户提供了多种类型的"设备构件"，作为系统与外部设备进行联系的媒介。进入设备组态窗口，从设备工具箱里选择相应的构件，配置到窗口内，建立接口与通道的连接关系，设置相关的属性，即完成了设备窗口的组态工作。

（1）选择设备构件

在工作台窗口中的"设备窗口"选项卡中，鼠标双击设备窗口图标，或选中窗口图标，单击"设备组态"按钮，弹出设备组态窗口，如图 1-42 所示；再单击工具条上的"工具箱"按钮，弹出设备工具箱，如图 1-43 所示；鼠标单击设备工具箱上的"设备管理"按钮，弹出设备管理器，如图 1-44 所示；双击管理器中的设备构件，将其加载至设备工具箱，再双击设备工具箱上的设备，将设备加载至窗口。

（2）设置设备构件属性

选中设备构件，单击工具条中的"属性"按钮，或选择"编辑"菜单中的"属性"命令，或者鼠标双击设备构件，弹出所选设备构件的"设备属性设置"对话框，在对话框中按所列项目进行设定。不同的设备构件有不同的属性，一般都包括如下三项：设备名称、端口地址和数据采集周期，如图 1-45 所示。系统各个部分对设备构件的操作是以设备名为基准的，因此各个设备构件不能重名。此外与硬件相关的参数必须正确设置，否则系统不能正常工作。

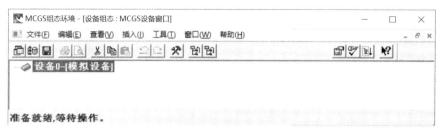

图 1-42　设备组态窗口

图 1-43　设备工具箱

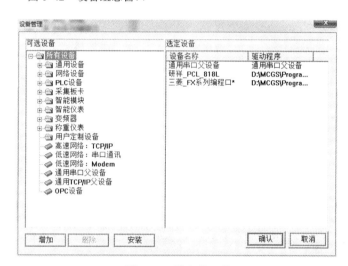

图 1-44　设备管理器

图 1-45　"设备属性设置"对话框

（3）设备通道连接

设备通道是指输入/输出装置读取数据和输出数据的通道。建立设备通道和实时数据库中数据对象的对应关系的过程称为通道连接。建立通道连接的目的是通过设备构件，确定采集进来的数据送入实时数据库的什么地方，或从实时数据库中什么地方取用数据。不同的设备构件的通道连接属性设置页面不同，但通道连接方法类似，只需选中需要连接的通道，如图 1-46 所示，再单击右键，弹出数据对象选择窗口，如图 1-47 所示，双击需要与通道发生关联的数据对象即可完成通道连接。

图 1-46　设备通道连接图

图 1-47　数据对象选择窗口

（4）设置调试

在"设备属性设置"对话框内，专设"设备调试"选项卡，其以数据列表的形式显示各个通道数据测试结果。将设备调试作为设备窗口组态项目之一，是便于用户及时检查组态操作的正确性，包括设备构件选用是否合理、通道连接及属性参数设置是否正确，这是保证整个系统正常工作的重要环节。

7. 组态运行策略

运行策略是指对监控系统运行流程进行控制的方法和条件，它能够对系统执行某项操作和实现某种功能进行有条件的约束。运行策略由多个复杂的功能模块组成，称为"策略块"，用来完成对系统运行流程的自由控制，使系统能按照设定的顺序和条件，进行操作实时数据库，控制用户窗口的打开、关闭以及控制设备构件的工作状态等一系列工作，从而实现对系统工作过程的精确控制及有序的调度管理。用户可以根据需要来创建和组态运行策略，具体过程如下。

二维码 1-4
策略类型

（1）创建运行策略

建立一个新工程，MCGS 运行策略窗口中自动添加三个系统固有的策略块：启动策略、循环策略和退出策略，如图 1-48 所示。其余的则由用户根据需要通过以下步骤自行定义：鼠标单击"运行策略"选项卡中的"新建策略"按钮，弹出"选择策略的类型"对话框，如图 1-49 所示，选择所需的策略类型后鼠标单击"确定"按钮退出，则用户策略窗口会新增默认名称为"策略 X"的策略，X 代表数字。一个应用系统最多能创建 512 个策略块，策略块的名称在属性设置窗口中指定。策略名称是唯一的，系统其他部分按策略名称进行调用。

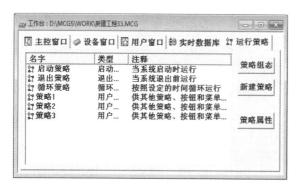

图1-48　运行策略窗口　　　　　　　　　图1-49　"选择策略的类型"对话框

根据运行策略的不同作用和功能，MCGS 把运行策略分为启动策略、退出策略、循环策略、用户策略、报警策略、事件策略和热键策略七种。每种策略都由一系列功能模块组成，具体介绍如下。

启动策略：启动策略为系统固有策略，在启动 MCGS 时自动被调用一次，一般用来完成系统的初始化工作。

退出策略：退出策略为系统固有策略，在退出 MCGS 时自动被调用一次，主要进行退出前的善后处理工作。

循环策略：循环策略为系统反复执行的策略，它从头到尾执行其内容，然后又重新开始，反复执行，可以把主要的策略都放在这里。

报警策略：报警策略由用户在组态时创建，当指定数据对象的某种报警状态产生时，报警策略被系统自动调用一次。

事件策略：事件策略由用户在组态时创建，当对应表达式的某种事件状态产生时，事件策略被系统自动调用一次。

热键策略：热键策略由用户在组态时创建，当用户按下对应的热键时执行一次。

用户策略：用户策略是用户自定义的功能模块，根据需要可以定义多个，分别用来完成各自不同的任务。用户策略系统不能自动调用，常用菜单命令和按钮动画连接实现用户策略的调用。

（2）设置策略属性

单击"运行策略"选项卡，选择某一策略块，单击"策略属性"按钮，或单击工具条中的"显示属性"按钮，即可弹出"策略属性设置"对话框，如图 1-50 所示，设置的项目主要是策略名称和策略内容注释。其中的"循环时间"文本框，是专为循环策略块设置循环时间用的。

（3）组态策略内容

无论是用户创建的策略块还是系统固有的三个策略块，创建时只是一个有名无实的空架子，要使其成为独立的实体，被系统其他部分调用，必须对其进行组态操作，指定策略块所要完成的功能。鼠标双击指定的策略块图标，或选中策略块图标，单击"策略组态"按钮，弹出策略组态窗口，如图 1-51 所示，组态操作在该窗口内进行，步骤如下。

 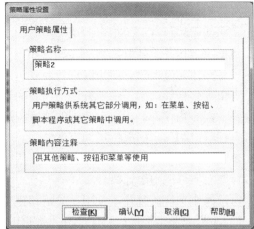

图 1-50 "策略属性设置"对话框

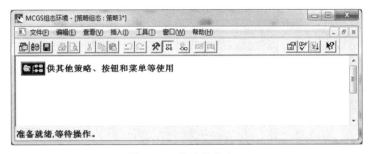

图 1-51 策略组态窗口

创建策略行：组态操作的第一步是创建策略行，目的是先为策略块搭建结构框架。用鼠标单击窗口上端工具条中的"新增策略行"按钮 ，或单击鼠标右键在弹出的快捷菜单中选择"新增策略行"选项，或直接使用组合键〈Ctrl+I〉，增加一个空的策略行，如图 1-52 所示。一个策略块中最多可创建 1000 个策略行。每个策略行都由两种类型的构件串接而成，前端为条件构件，后端为策略构件。

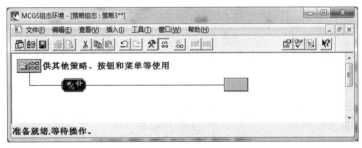

图 1-52 新增策略行

配置策略构件：鼠标单击窗口上端工具条中的"工具箱"按钮 ，打开策略工具箱，如图 1-53 所示；选中策略行的条件框（前端）或功能框（后端），鼠标双击工具箱中相应的策略构件；或者选中工具箱中的策略构件，用鼠标单击策略行的相应框图，即可将所选的构件配置在该行的指定位置上。鼠标选中策略构件，单击工具条中的"属性按钮"，弹出该策略构件的属性设置对话框，设置策略构件属性。不同的策略构件，属性设置的内容不同。

MCGS 所提供的策略构件常用的有 17 种，具体如下。

图 1-53　策略工具箱

策略调用构件：调用指定的用户策略。

数据对象构件：数据值读写、存盘和报警处理。

设备操作构件：执行指定的设备命令。

退出策略构件：用于中断并退出所在的运行策略块。

脚本程序构件：执行用户编制的脚本程序。

音响输出构件：播放指定的声音文件。

定时器构件：用于定时。

计数器构件：用于计数。

窗口操作构件：打开、关闭、隐藏和打印用户窗口。

Excel 报表输出构件：将历史存盘数据输出到 Excel 中，进行显示、处理、打印、修改等操作。

报警信息浏览构件：对报警存盘数据进行数据显示。

存盘数据拷贝构件：将历史存盘数据转移或拷贝到指定的数据库或文本文件中。

存盘数据浏览构件：对历史存盘数据进行数据显示、打印。

存盘数据提取构件：对历史存盘数据进行统计处理。

配方操作处理构件：对配料参数等进行配方操作。

设置时间范围构件：设置操作的时间范围。

修改数据库构件：对实时数据存盘对象、历史数据库进行修改、添加和删除。

8. 组态结果检查

在组态过程中，不可避免地会产生各种错误，错误的组态会导致各种无法预料的结果，要保证组态生成的应用系统能够正确运行，必须保证组态结果准确无误。MCGS 提供了多种措施来检查组态结果的正确性，希望用户能密切注意系统提示的错误信息，养成及时发现问题和解决问题的习惯。

（1）随时检查

各种对象的属性设置是组态配置的重要环节，其正确与否直接关系到系统的正常运行。为此，MCGS 大多数属性设置窗口中都设有"检查(K)"按钮，用于对组态结果的正确性进行检查。每当用户完成一个对象的属性设置后，可使用该按钮及时进行检查，如有错误，系统会提示相关的信息。这种随时检查措施，使用户能及时发现错误，并且容易查找出错误的原因，及时纠正。

（2）存盘检查

在完成用户窗口、设备窗口、运行策略和系统菜单的组态配置后，一般都要对组态结果进行存盘处理。存盘时，MCGS 自动对组态的结果进行检查，若发现错误，系统会提示相关的信息。

（3）统一检查

全部组态工作完成后，应对整个工程文件进行统一检查。关闭除工作台窗口以外的其他窗口，鼠标单击工具条右侧的"组态检查"按钮，或执行"文件"菜单中的"组态结果检查"命令，即开始对整个工程文件进行组态结果正确性检查。

项目2 储液罐水位监控系统设计

学习目标

◇ 初步建立工程意识，具备简单工程分析能力；

◇ 绘制简单工程监控界面，处理实时与历史数据；

◇ 基于MCGS组态软件实现报警与安全机制建立。

知识点与技能点

知识点：

1. 掌握标签、插入元件和流动块、滑动输入器、旋转仪表、报警显示等常用动画构件的功能及使用方法；

2. 掌握自由表格、历史表格、实时曲线、历史曲线、模拟设备的功能及使用方法；

3. 掌握工程建立步骤，数据对象定义、报警定义的步骤；

4. 掌握按钮动作、按钮输入、大小变化、填充颜色、可见度等动画连接的含义；

5. 掌握排列对齐各菜单项的含义，动画编辑工具条上各按钮的功能；

6. 掌握模拟设备构件功能，报警信息浏览、存盘数据浏览策略构件功能；

7. 掌握MCGS脚本程序的常用数据类型、系统变量、系统函数、运算符基本语句。

技能点：

1. 能创建用户窗口并合理设置属性；

2. 能绘制文字、储液罐、水泵、阀门、流动块、指示灯等图形符号，并进行动画连接；

3. 能在 MCGS 数据库中新增数据对象，正确设置数据对象的存盘属性，添加组对象成员；

4. 能设置模拟设备属性，利用模拟设备产生波形，对工程进行模拟调试；

5. 能完成报警定义与显示，查询报警历史信息，并在运行过程中修改报警限值；

6. 能制作实时报表和历史报表、实时曲线和历史曲线，并调试成功；

7. 能定义用户、用户组并进行系统权限设置，运行时进行权限管理，操作权限管理。

任务 2.1 工程分析与建立

一、工程分析

1. 控制要求

储液罐水位监控系统工艺流程如图 2-1 所示。水泵将液体输送至水罐 1 中，液体在其内按照工艺要求进行处理后送至水罐 2，在水罐 2 中进一步处理后送其他设备使用。水罐 1 和水罐 2 的控制要求如下。

1）水位监测：能够实时检测水罐 1、水罐 2 中水位，并在计算机中进行动态显示。

2）水位控制：将水罐 1 水位控制在 1～9 m，水罐 2 水位控制在 1～6 m。

3）水位报警：当水位超出以上控制范围时报警。

4）报表输出：生成水位参数的实时报表和历史报表，供显示和打印。

5）曲线显示：生成水位参数的实时趋势曲线和历史趋势曲线。

6）安全机制建立：严格规定操作权限，避免人为误操作。

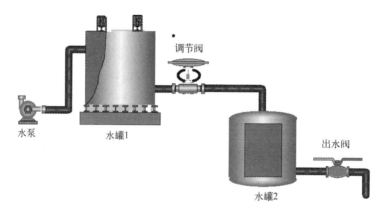

图 2-1　储液罐水位监控系统工艺流程图

2．控制对象分析

由于负荷用水量，即水罐 2 出水阀开度随时可能变化，故水罐 1 和水罐 2 水位均将随之改变，需要采用闭环形式随时检测水位变化并实时调整进水量。此外本系统要求，水罐 1 水位控制范围为 1～9 m，水罐 2 水位控制范围为 1～6 m。

当水罐 2 水位不在规定范围时，说明水罐 2 进水量与出水量不平衡，理论上调节进水量和出水量都可以达到控制水罐 2 水位的目的。但出水量主要受负荷需求控制，一般不应限制，只能最大限度满足。因此当水罐 2 水位过高或过低时，应该调整其进水量。由于水罐 2 水位控制精度要求不高，可采用水罐 2 水位过低时接通进水阀，水罐 2 水位过高时断开进水阀的方法。

同样，当水罐 1 水位不在规定范围时，说明水罐 1 进水量与出水量不平衡，可以通过调节水罐 1 进水量或出水量达到控制水罐 1 水位的目的。水罐 1 出水量已用于控制水罐 2 水位，只能选择改变水罐 1 进水量的方法控制水罐 1 水位。同样由于水罐 1 水位控制要求不高，可采用水罐 1 水位过低时接通水泵，水罐 1 水位过高时断开水泵的方法。

二、工程建立

要求：建立名为"水位监控系统"的工程。具体实现步骤如下。

1）双击桌面图标 ，进入 MCGS 组态环境，如图 2-2 所示。

图 2-2　MCGS 组态环境

2）鼠标单击"文件"菜单，弹出下拉菜单，如图 2-3 所示。选择"新建工程"选项，出现工作台窗口，如图 2-4 所示。如果 MCGS 安装在 D：盘根目录下，则会在 D：\MCGS\WORK\下自动生成新建工程，默认的工程名为"新建工程 X.MCG"（X 表示新建工程的顺序号，如 0、1、2 等）。

图 2-3　文件菜单

图 2-4　工作台窗口

3）选择"文件"菜单中的"工程另存为"选项，弹出文件保存窗口，如图 2-5 所示。在文件名一栏内输入"水位监控系统"，单击"保存"按钮，工程创建完毕。

图 2-5　文件保存窗口

注意：MCGS 工程名与保存路径不允许包含空格，否则不能正常打开。

任务 2.2　简单工程界面设计

要求：建立用户窗口，窗口名和窗口标题均为"水位监控"，窗口最大化显示并设为启动窗口，窗口内容如图 2-6 所示。具体实现步骤如下。

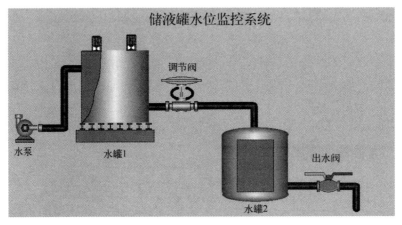

图 2-6　监控界面

一、窗口创建与设置

1．新建窗口

在图 2-4 所示的工作台窗口中，单击"用户窗口"选项卡，进入用户窗口，如图 2-7 所示，在用户窗口中单击"新建窗口"按钮，建立"窗口 0"。

二维码 2-1
工程界面设计

图 2-7　用户窗口

2．设置窗口基本属性

单击"窗口属性"按钮，弹出"用户窗口属性设置"对话框，窗口名称与窗口标题内容均填写为"水位监控"，窗口位置选择为"最大化显示"，其他内容保持默认值不变，如图 2-8 所示，单击"确认"按钮，完成保存并退出设置。

3．设置启动窗口

在用户窗口中，鼠标左键单击"水位监控"图标，再单击右键，在弹出的下拉菜单中选择"设置为启动窗口"选项，将该窗口设置为运行时自动加载的窗口，如图 2-9 所示。

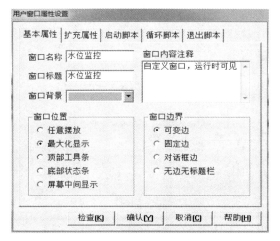

图 2-8 "用户窗口属性设置"对话框

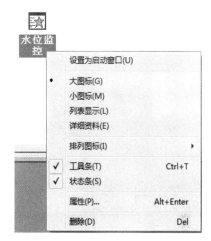

图 2-9 启动窗口设置

二、画面编辑

1. 进入画面编辑环境

鼠标双击图 2-10 所示的"水位监控"图标或单击选中"水位监控"图标，再单击"动画组态"按钮，进入动画组态界面，如图 2-11 所示。

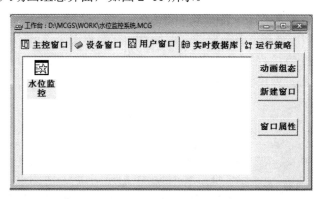

图 2-10 水位监控用户窗口

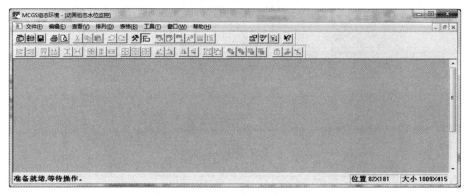

图 2-11 水位监控动画组态界面

2．打开动画构件工具箱

单击工具条中的"工具箱"按钮 ![btn]，打开动画构件工具箱，如图 2-12 所示，利用工具箱上"标签""插入元件"和"流动块"动画构件可分别制作文字、图形符号以及流动块。

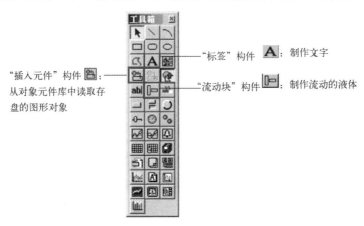

图 2-12　动画构件工具箱

3．制作文字

1）单击动画构件工具箱内的"标签"构件按钮 ![A]，鼠标的光标呈"十"字形，在窗口适当位置按住鼠标左键并根据需要拉出一个一定大小的矩形。

2）在光标闪烁位置输入文字"储液罐水位监控系统"，按回车键、〈ESC〉键或在文本框外窗口任意位置单击鼠标左键，结束文字输入。

3）若输入的文字内容有误需要修改，可用鼠标左键单击需修改的文字，被选中的文字会在其周围出现白色小方块，如图 2-13 所示，再单击空格键或回车键可再次对文字进行编辑；或者单击鼠标右键，弹出快捷菜单，如图 2-14 所示，选择"改字符"选项，同样可使选中的文字进入可编辑状态。

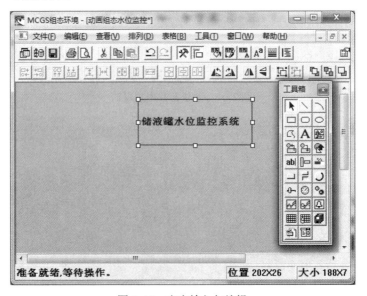

图 2-13　文字输入与编辑

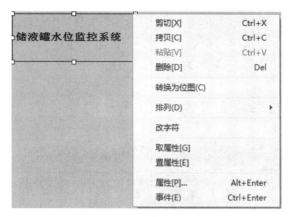

图 2-14　改字符

4）选中文字框，设置静态属性。

方法 1：采用工具条上"填充色""线色""字符颜色"和"字符字体"按钮设置文字所需的属性，如图 2-15 所示。

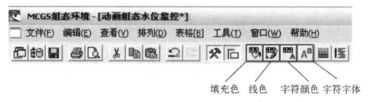

图 2-15　字符属性设置相关的工具条按钮

① 单击填充色按钮，设定文字框的背景颜色为"无填充色"。

② 单击线色按钮，设置文字框的边线颜色为"无边线颜色"。

③ 单击字符颜色按钮，将文字颜色设为"蓝色"。

④ 单击字符字体按钮，设置文字字体为"宋体"；字形为"粗体"；大小为"二号"。

方法 2：双击需设置属性的文字框，弹出"动画组态属性设置"对话框，如图 2-16 所示。对话框中的静态属性设置部分同样可以完成填充色、边线颜色与类型、字符颜色和字符字体属性的设置。

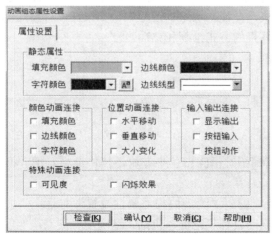

图 2-16　"动画组态属性设置"对话框

5）其他文字制作。重复上述步骤完成界面中"水泵""水罐 1""水罐 2""调节阀""出水阀"文字的制作。要求字符颜色为"黑色"；填充颜色为"无填充色"；边线颜色为"无边线颜色"；字体为"宋体"；字形为"粗体"；大小为"五号"。

4．插入图形符号

利用"插入元件"构件 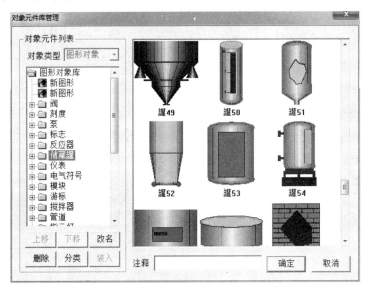，打开对象元件库管理窗口，如图 2-17 所示。在用户窗口插入所需的储液罐、阀和水泵。

图 2-17　对象元件库

1）从"储藏罐"类中选取罐 17 、罐 53 。

2）从"阀"类中选取阀 58 、阀 44 。

3）从"泵"类中选取泵 40 。

5．流动块绘制

（1）开始流动块绘制

单击动画构件工具箱内的"流动块"构件按钮 ，鼠标的光标呈"十"字形，单击鼠标左键来逐点绘制流动块，在流动块绘制过程中，如果在鼠标移动的同时按下〈Shift〉键，则流动块只能以水平或垂直的方式绘制和移动。

（2）结束流动块绘制

1）单击鼠标右键。

2）双击鼠标左键。

3）按〈ESC〉键。

（3）编辑流动块

1）选中流动块，鼠标指针指向白色小方块，按住鼠标左键并拖动，可调整流动块终点位置。

2）鼠标双击流动块，弹出"流动块构件属性设置"对话框，如图 2-18 所示。在基本属性设置页面可以完成流动块外观设置，包括管道宽度、流动块宽度、长度、颜色等，以及流动方向和流动速度设置。

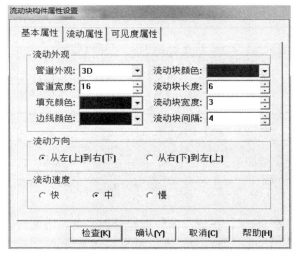

图 2-18 "流动块构件属性设置"对话框

任务 2.3 变量的定义

要求：在系统数据库中定义表 2-1 所示的变量；对液位 1、液位 2 和液位组的存盘属性进行设置，存盘周期统一设置为 5 s。数据类型简要说明见表 2-2。

二维码 2-2
变量定义

表 2-1 储液罐水位监控系统变量表

变量名称	类型	初值	注释
水泵	开关型	0	控制水泵"启动""停止"的变量
调节阀	开关型	0	控制调节阀"打开""关闭"的变量
出水阀	开关型	0	控制出水阀"打开""关闭"的变量
液位 1	数值型	0	水罐 1 的水位高度，用来控制水罐 1 水位的变化
液位 2	数值型	0	水罐 2 的水位高度，用来控制水罐 2 水位的变化
液位 1 上限	数值型	0	用来在运行环境下设定水罐 1 的上限报警值
液位 1 下限	数值型	0	用来在运行环境下设定水罐 1 的下限报警值
液位 2 上限	数值型	0	用来在运行环境下设定水罐 2 的上限报警值
液位 2 下限	数值型	0	用来在运行环境下设定水罐 2 的下限报警值
液位组	组对象	0	用于历史数据、历史曲线、报表输出等功能构件

表 2-2 数据对象类型表

变量类型	定义及特点
开关型	记录开关信号（0 或非 0）的数据对象称为开关型数据对象，通常与外部设备的数字量输入/输出通道连接，用来表示某一设备当前所处的状态
数值型	数值型数据对象的数值范围：负数是 $-3.402823E38 \sim -1.401298E-45$，正数是 $1.401298E-45 \sim 3.402823E38$。数值型数据对象除了存放数值及参与数值运算外，还提供报警信息，并能够与外部设备的模拟量输入/输出通道相连

变量类型	定义及特点
字符型	字符型数据对象是存放文字信息的单元，用于描述外部对象的状态特征，其值为多个字符组成的字符串，字符串长度最长可达 64 KB。字符型数据对象没有工程单位和最大、最小值属性，也没有报警属性
事件型	用来记录和标识某种事件产生或状态改变的时间信息。事件型数据对象没有工程单位和最大、最小值属性，没有限值报警，只有状态报警，不同于开关型数据对象，事件型数据对象对应的事件产生一次，其报警也产生一次，且报警的产生和结束是同时完成的
数据组对象	类似于一般编程语言中的数组和结构体，用于把相关的多个数据对象集合在一起，作为一个整体来定义和处理

变量定义具体实现步骤如下。

1）单击工作台按钮 ，打开工作台窗口。单击工作台中的"实时数据库"选项卡，进入实时数据库窗口。

2）单击"新增对象"按钮，在窗口的数据对象列表中，增加新的数据对象，系统默认定义的名称为"Data1""Data2""Data3"等，如图 2-19 所示。

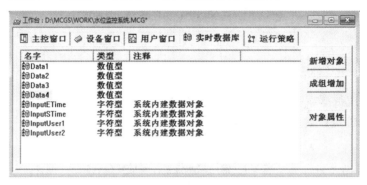

图 2-19　实时数据库窗口

3）选中对象，单击"对象属性"按钮，或双击选中对象，弹出"数据对象属性设置"对话框。以定义数据对象"水泵"为例，如图 2-20 所示，将对象名称改为"水泵"；对象类型选择"开关型"；在对象内容注释输入框内输入"控制水泵启动、停止的变量"，单击"确认"按钮，保存退出。

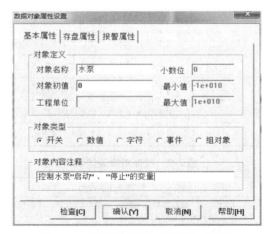

图 2-20　"数据对象属性设置"对话框

4）按照上述步骤，完成表 2-1 中其他 9 个数据对象的定义。

5）添加液位组数据对象成员。

① 在数据对象列表中，双击"液位组"，打开"数据对象属性设置"对话框，如图 2-21 所示。

② 鼠标单击"组对象成员"选项卡，在左边数据对象列表中选择"液位 1"，单击"增加"按钮，数据对象"液位 1"被添加到右边的"组对象成员列表"中。按照同样的方法将"液位 2"添加到组对象成员列表中，如图 2-22 所示。

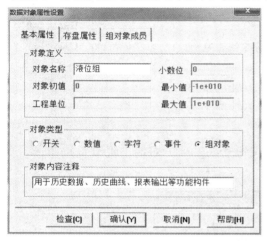

图 2-21　液位组"数据对象属性设置"对话框

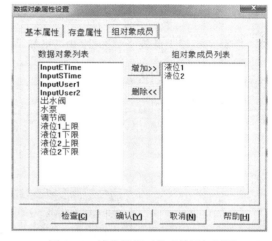

图 2-22　液位组组对象成员添加页面

6）设置数据对象存盘属性。单击"存盘属性"选项卡，在"数据对象值的存盘"选项栏中，选择定时存盘，并将存盘周期设为 5 s，单击"确认"按钮，保存并退出属性设置。液位 1、液位 2 存盘属性设置页面如图 2-23 所示，液位组存盘属性设置页面如图 2-24 所示。

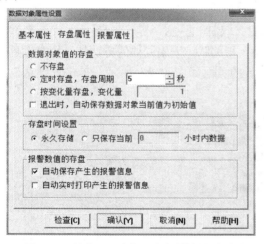

图 2-23　液位 1、液位 2 存盘属性设置页面

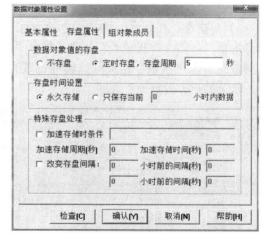

图 2-24　液位组存盘属性设置页面

任务 2.4　动画连接

MCGS 实现图形动画设计的主要方法是将用户窗口中图形对象与实时数据库中的数据

对象建立相关性连接，并设置相应的动画属性。在系统运行过程中，图形对象的外观和状态特征，由数据对象的实时采集值驱动，从而实现了图形真实地描述外界对象的状态变化，达到过程实时监控的目的。本系统动画连接具体要求如下。

1）单击"水泵""调节阀""出水阀"图形符号，分别实现水泵、调节阀、出水阀的启停（单击图形符号实现启动与停止）。

2）水流效果。

3）水罐中水位的升降与显示。

注意： 水罐1最高水位为12 m，水罐2最高水位为9 m。

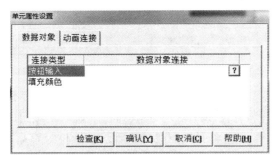

二维码2-3
动画连接
（泵、阀）

一、水泵、阀门启停动画效果制作

具体实现步骤如下。

1）双击水泵，弹出"单元属性设置"对话框。

2）鼠标单击"数据对象"选项卡中的"按钮输入"项，右端出现浏览按钮 ![?] ，如图2-25所示。

图2-25 水泵"单元属性设置"对话框

3）单击浏览按钮 ![?] ，弹出数据对象列表窗口，如图2-26所示，双击列表中的数据对象"水泵"，使"按钮输入"与数据对象"水泵"相关联。采用同样的方法使"填充颜色"也与数据对象"水泵"相关联，属性设置完成后的页面如图2-27所示。单击"确认"按钮，水泵的启停效果设置完毕。

图2-26 数据对象列表

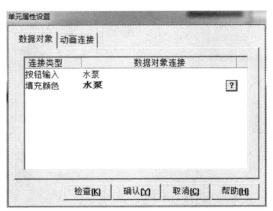

图2-27 水泵动画属性设置完成页面

4）仿照步骤 1）～3），完成调节阀和出水阀的启停效果设计，完成后的属性页面分别如图 2-28、图 2-29 所示。

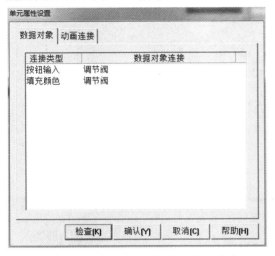

图 2-28　调节阀动画属性设置完成页面

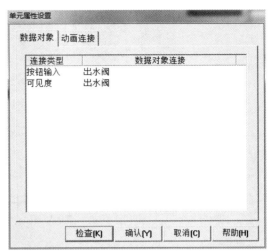

图 2-29　出水阀动画属性设置完成页面

二、水流效果制作

具体实现步骤如下。

1）双击水泵与水罐 1 之间的流动块（流动块 1），弹出"流动块构件属性设置"对话框，"流动属性"按照图 2-30 所示页面进行设置。

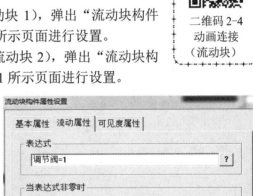

二维码 2-4
动画连接
（流动块）

2）双击水罐 1 和水罐 2 之间的流动块（流动块 2），弹出"流动块构件属性设置"对话框，"流动属性"按照图 2-31 所示页面进行设置。

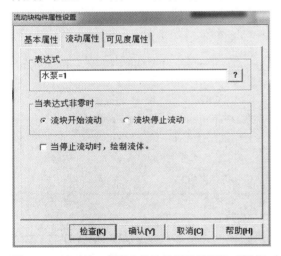

图 2-30　流动块 1"流动块构件属性设置"对话框

图 2-31　流动块 2"流动块构件属性设置"对话框

3）双击水罐 2 和出水阀之间的流动块（流动块 3），弹出"流动块构件属性设置"对话框，"流动属性"按照图 2-32 页面进行设置。

注意： "流动块构件属性设置"页面中的"可见度属性"无须进行设置。

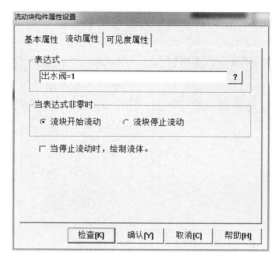

图2-32　流动块3"流动块构件属性设置"对话框

二维码2-5
动画连接（水罐）

三、水罐水位的升降动画

水位升降效果是通过设置数据对象"大小变化"连接类型实现的。具体设置步骤如下。

1）在用户窗口中双击水罐1，弹出"单元属性设置"对话框。单击"动画连接"选项卡，选中页面中的"折线"，其对应的右端出现 ⧀，如图2-33所示。

2）单击按钮 ⧀，弹出"动画组态属性设置"对话框，"大小变化"选项卡页面按照图2-34完成各个参数设置。表达式为"液位1"；最大变化百分比为"100"，对应表达式的值为"12"；其他内容保持默认内容不变，单击"确认"按钮完成水罐1液位动画属性设置。

图2-33　液位1"单元属性设置"对话框

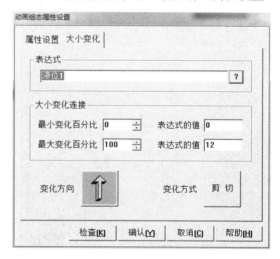

图2-34　液位1"动画组态属性设置"对话框

3）采用同样的方法完成水罐2与变量液位2之间的动画连接。水罐2的"大小变化"选项卡页面按照图2-35完成设置。表达式为"液位2"；最大变化百分比为"100"，对应表达式的值为"9"；其他内容保持默认内容不变。

38

4）利用滑动输入器控制液位变化。滑动输入器构件是模拟滑块直线移动实现数值输入的一种动画图形，完成 Windows 下的滑轨输入功能。运行时，当鼠标经过滑动输入器构件的滑动块上方时，鼠标指针变为手状鼠标，表示可以执行滑动输入操作，按住鼠标左键拖动滑块，改变滑块的位置，进而改变构件所连接的数据对象的值。本系统利用滑动输入器构件实现储液罐水位控制的人机交互界面，如图 2-36 所示。具体设计步骤如下。

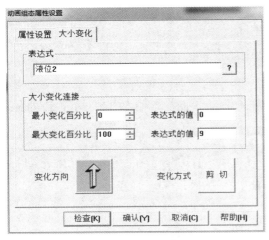

图 2-35 液位 2"动画组态属性设置"对话框　　　　图 2-36 液位控制交互界面

① 绘制 2 个滑动输入器。鼠标单击动画构件工具箱中的"滑动输入器"构件按钮 ⌐ᵒ⌐，鼠标的光标呈"十"字形，在窗口合适区域按住鼠标左键并拖动出适当大小的滑块；选中滑块，使用组合键〈Ctrl+C〉进行复制，再使用组合键〈Ctrl+V〉粘贴出第二个滑块。

② 制作滑动输入器说明文字。单击动画构件工具箱中的"标签"构件按钮 **A**，在滑动输入器下方的适当位置制作文字，具体制作要求见表 2-3，文字制作效果如图 2-36 所示。

表 2-3 输入器说明文字设置要求

设 置 项 目	滑动输入器 1	滑动输入器 2
输入文字	水罐 1 输入	水罐 1 输入
字符颜色	黑色	黑色
填充颜色	无填充色	无填充色
边线颜色	无边线颜色	无边线颜色

③ 排列对齐。

a. 单击选中水罐 1 滑动输入器，滑动输入器周边出现 8 个白色小方块。

b. 按住〈Shift〉键同时鼠标单击水罐 2 滑动输入器，后选中的滑动输入器周边出现 8 个黑色小方块，如图 2-37 所示。

c. 单击鼠标右键弹出菜单，选择"排列"选项后又弹出另一菜单，再选择其中的"对齐"选项，而后又弹出具体对齐方式选择菜单，如图 2-38 所示。根据实际要求选择"右对齐"或者"左对齐"，先选中的图形将与后选中图形相对齐。

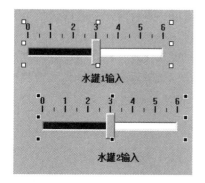
图 2-37　滑动输入器对齐过程

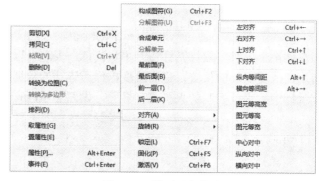
图 2-38　排列对齐菜单

d. 采用同样的方法，完成文字"水罐 1 输入"与"水罐 2 输入"相对齐，排列对齐后的效果图如图 2-39 所示。

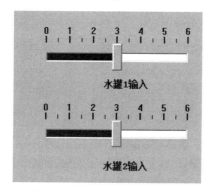
图 2-39　滑动输入器对齐效果

④ 滑动输入器属性设置。双击水罐 1 滑动输入器构件，进入属性设置页面，按照下面的信息设置各个参数。

a."基本属性"选项卡中，滑块指向设置为"指向左（上）"，如图 2-40 所示。

b."刻度与标注属性"选项卡中，主划线数目为"6"，次划线数目为"5"，如图 2-41 所示。

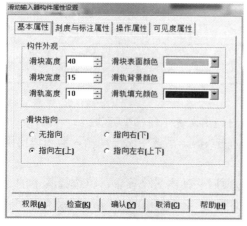
图 2-40　滑动 1 "基本属性"选项卡

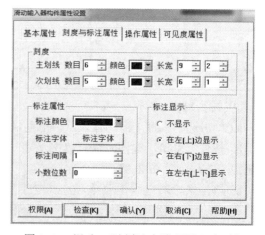
图 2-41　滑动 1 "刻度与标注属性"选项卡

c. "操作属性"选项卡中，对应数据对象的名称设置为"液位1"；滑块在最右（下）边时对应的值为"12"，如图 2-42 所示。

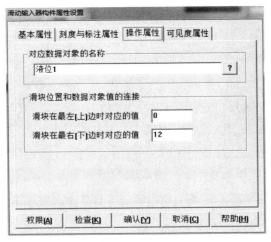

图 2-42　滑动 1 "操作属性"选项卡

按照上述方法设置水罐 2 滑动输入器构件，参数设置要求如下。

a. "基本属性"选项卡中，滑块指向设置为"指向左（上）"，如图 2-40 所示；

b. "刻度与标注属性"选项卡中，主划线数目为"9"，如图 2-43 所示；

c. "操作属性"选项卡中，对应数据对象名称为"液位2"；滑块在最右（下）边时对应的值为"9"，如图 2-44 所示。

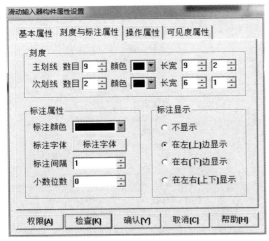

图 2-43　滑动 2 "刻度与标注属性"选项卡

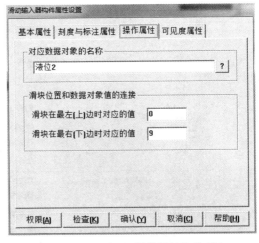

图 2-44　滑动 2 "操作属性"选项卡

⑤ 背景框制作。

a. 单击动画构件工具箱中的"常用图符"构件按钮，打开常用图符工具箱，如图 2-45 所示。

b. 选择其中的凹槽平面按钮，拖动鼠标绘制一个凹槽平面，恰好将两个滑动块及标签全部覆盖。

c. 将凹槽平面放置于最后一层，最终效果如图 2-36 所示。

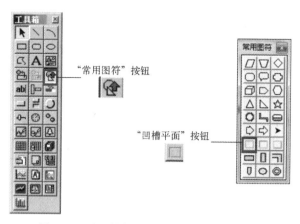

图 2-45 动画构件工具箱及常用图符工具箱

方法 1：单击选中该平面，再单击动画编辑工具条中"置于最后"按钮，如图 2-46 所示，将该平面放置于最后一层，作为背景框。

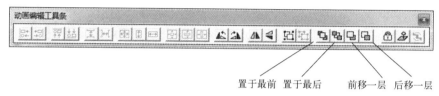

置于最前 置于最后　前移一层 后移一层

图 2-46 动画编辑工具条

方法 2：单击选中该平面，再单击右键，在弹出的菜单中选择"排列"选项，再次弹出另一个菜单，选择"最后面"选项，如图 2-47 所示，同样可将该平面放置于最后一层。

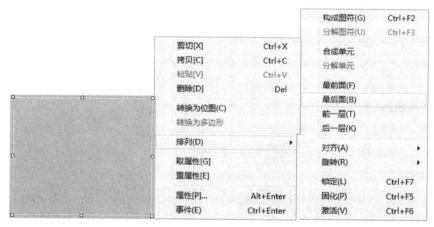

图 2-47 菜单法调整图片放置层次

⑥ 运行调试。按〈F5〉快捷键，进入运行环境后，可以通过拉动滑动输入器而使水罐中的液面动起来。

四、水罐水位的显示

1. 利用旋转仪表显示水位

旋转仪表构件是模拟旋转式指针仪表的一种动画图形，用其可以显示所

二维码 2-6
动画连接（数据显示）

连接的数值型数据对象的值。旋转仪表构件的指针随数据对象值的变化而不断改变位置，指针所指向的刻度值即为所连接的数据对象的当前值。利用旋转仪表显示水位的具体实现步骤如下。

1）单击动画构件工具箱中的"旋转仪表"构件按钮 ⊘，鼠标的光标呈"十"字形，在水罐1下方合适区域按住鼠标左键并拖动出适当大小的旋转仪表；单击选中旋转仪表，使用组合键〈Ctrl+C〉进行复制，再使用组合键〈Ctrl+V〉粘贴出第二个旋转仪表，将其移动至水罐2下方，分别用它们来显示水罐1和水罐2的水位。

2）双击水罐1数据显示对应的旋转仪表，进行构件属性设置。在"操作属性"选项卡中，表达式设置为"液位1"；最大逆时针角度为"90"，对应的值为"0"；最大顺时针角度为"90"，对应的值为"12"，其他不变，如图2-48所示。

3）按照此方法设置水罐2数据显示对应的旋转仪表。"操作属性"选项卡中参数设置如下：表达式为"液位2"；最大逆时钟角度为"90"，对应的值为"0"；最大顺时针角度为"90"，对应的值为"9"，如图2-49所示。"刻度与标注属性"选项卡中，主划线数目设置为"9"，其他不变。

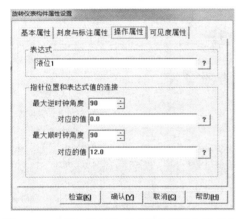

图2-48 水罐1旋转仪表"操作属性"选项卡

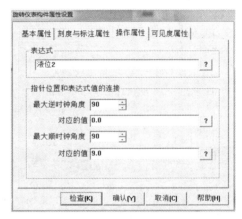

图2-49 水罐2旋转仪表"操作属性"选项卡

2. 利用标签显示水位

利用标签构件显示水位的具体实现步骤如下。

1）单击动画构件工具箱中的"标签"构件按钮 **A**，鼠标的光标呈"十"字形，绘制两个标签，调整大小并分别放置于文字"水罐1"和"水罐2"右侧附近合适区域。

2）双击标签构件，弹出"动画组态属性设置"对话框，两个标签构件均按图2-50所示内容进行设置。勾选输入输出连接部分的"显示输出"项，静态属性中的"填充颜色"设置为白色。

3）单击"显示输出"选项卡，两个标签的"显示输出"属性参数设置要求见表2-4，设置完成的页面分别如图2-51、图2-52所示。

表2-4 标签设置要求

设 置 项 目	水罐1液位显示标签	水罐2液位显示标签
表达式	液位1	液位2
输出值类型	数值型	数值型
整数位数	0	0
小数位数	1	1

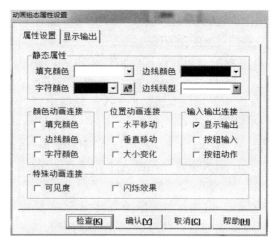

图 2-50 标签"动画组态属性设置"对话框

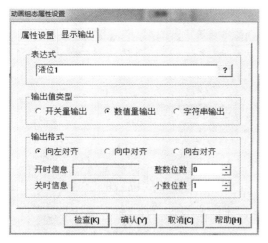 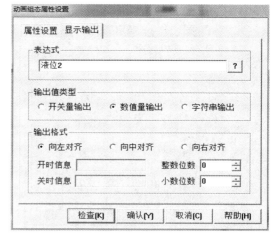

图 2-51 液位 1 显示标签动画属性设置完成页面　　图 2-52 液位 2 显示标签动画属性设置完成页面

注意：输出格式由表达式值的类型决定，当输出值的类型设定为数值型时，应指定小数位的位数和整数位的位数；对字符型输出值，直接把字符串显示出来；对开关型输出值，应分别指定开和关时所显示的内容。

任务 2.5　模拟设备的连接

模拟设备是供用户调试工程的虚拟设备。该构件可以产生标准的正弦波、方波、三角波和锯齿波信号，其幅值和周期都可以任意设置。通过模拟设备的连接，可以使动画不需要手动操作，就可以自动运行起来。本系统设计要求：使用模拟设备产生正弦波，自动模拟液位 1 和液位 2 数值变化。具体实现步骤如下。

二维码 2-7
模拟设备连接

1）打开工作台窗口，并单击"设备窗口"选项卡，如图 2-53 所示，单击"设备组态"按钮或双击"设备窗口"图标，进入设备组态页面。

2）单击工具条中的"工具箱"按钮 🛠，打开设备工具箱，如图 2-54 所示。

3）单击设备工具箱中的"设备管理"按钮，弹出设备管理窗口，如图 2-55 所示，在可选设备列表中，双击"通用设备"，弹出树状列表项，在其中选择"模拟数据设备"选项进行双击，出现"模拟设备"图标，双击"模拟设备"图标，即可将"模拟设备"添加到右侧选定设备列表中。

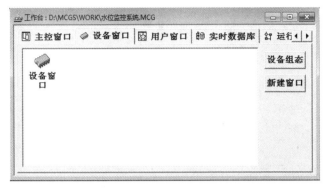

图 2-53　工作台窗口

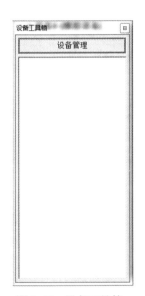

图 2-54　设备工具箱

图 2-55　设备管理窗口

4）选中选定设备列表中的"模拟设备"，单击"确认"按钮，"模拟设备"即被添加到设备工具箱中，如图 2-56 所示。

5）双击设备工具箱中的"模拟设备"，模拟设备被添加到设备组态窗口中，如图 2-57 所示。

6）双击"设备 0-[模拟设备]"，弹出"设备属性设置"对话框，如图 2-58 所示。

7）在基本属性页面中单击┄┄按钮，在弹出的"内部属性"对话框中，按图 2-59 所示内容进行设置。通道 1 最大值为"12"；通道 2 最大值为"9"，单击"确认"按钮，完成内部属性设置。

8）单击"设备属性设置"对话框中的"通道连接"选项卡，选中通道 0 对应数据对象输入框，输入"液位 1"或单击鼠标右键，弹出数据对象列表，如图 2-60 所示，选择"液位 1"；选中通道 1 对应数据对象输入框，输入"液位 2"，如图 2-61 所示。

图 2-56 添加"模拟设备"后的设备工具箱

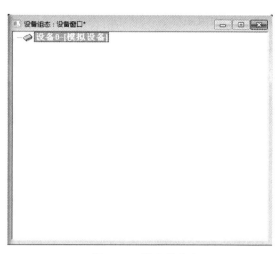

图 2-57 设备组态窗口

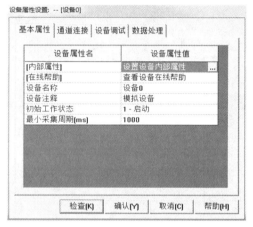

图 2-58 "设备属性设置"对话框

图 2-59 模拟设备"内部属性"对话框

图 2-60 数据对象列表

图 2-61 "通道连接"选项卡

9）单击"设备调试"选项卡，即可看到通道值 0 中数据以正弦波在 0～12 之间变化，如图 2-62 所示，通道值 1 中数据以正弦波在 0～9 之间变化，单击"确认"按钮，完成设备属性设置。

图 2-62 "设备调试"选项卡

任务 2.6 编写控制流程

一、脚本程序简介

用户脚本程序是由用户编制的、用来完成特定操作和处理的程序。在 MCGS 中，脚本程序的编程语法非常类似于 Basic 语言，但在概念和使用上更简单直观，力求做到使大多数普通用户都能正确、快速地掌握和使用。脚本程序可以应用在运行策略中，作为一个策略功能块执行，也可以在菜单组态中作为菜单的一个辅助功能运行，更可以在动画界面的事件中应用。

1．脚本程序语言要素

（1）数据类型

MCGS 脚本程序中包含三种数据类型。

开关型：表示开或者关的数据类型，通常 0 表示关，非 0 表示开；也可以作为整数使用。

数值型：其值在 3.4E±38 范围内。

字符型：最多含 512 个字符组成的字符串。

（2）系统变量

MCGS 定义的内部数据对象作为系统内部变量，在脚本程序中可自由使用，在使用系统变量时，变量的前面必须加"$"符号，如$Date。

（3）系统函数

MCGS 定义的内部函数，在脚本程序中可自由使用，在使用系统函数时，函数的前面必须加"!"符号，如!abs( )。

（4）运算符

MCGS 包含三大类运算符：算术运算符、比较运算符和逻辑运算符，具体内容见表 2-5。

表 2-5　标签设置要求

类　型	运　算　符	
算术运算符	∧	乘方
	*	乘法
	/	除法
	\	整除
	+	加法
	—	减法
	Mod	取模运算
比较运算符	>	大于
	>=	大于或等于
	=	等于
	<=	小于或等于
	<	小于
	<>	不等于
逻辑运算符	AND	逻辑与
	NOT	逻辑非
	OR	逻辑或
	XOR	逻辑异或

2．脚本程序基本语句

（1）MCGS 赋值语句

赋值语句的形式：数据对象 = 表达式。

"="号为赋值号，表示把"="右边表达式的运算值赋给左边的数据对象。赋值号的右边为一表达式，表达式的类型必须与左边数据对象值的类型相符合，否则系统会提示"赋值语句类型不匹配"的错误信息。

（2）条件语句

条件语句主要包含三种形式，具体见表 2-6。

表 2-6　条件语句格式

形　式	语　句　格　式
形式 1	If 表达式 Then 赋值语句或退出语句

形式 2	If 表达式 Then
	　　语句
	EndIf

形式 3	If 表达式 Then
	　　语句
	Else
	　　语句
	EndIf

"IF"语句的表达式一般为逻辑表达式，也可以是值为数值型的表达式。当表达式的值为非 0 时，条件成立，执行"Then"后的语句；否则，条件不成立，将不执行该条件块中包含的语句，而开始执行该条件块后面的语句。

注意：条件语句中的四个关键字"If""Then""Else""Endif"不分大小写。如拼写不正确，检查程序会提示出错信息。

（3）退出语句

退出语句为"Exit"，用于中断脚本程序的运行，停止执行其后面的语句。一般在条件语句中使用退出语句，以便在某种条件下，停止并退出脚本程序的执行。

（4）注释语句

以单引号'开头的语句称为注释语句，注释语句在脚本程序中只起到注释说明的作用，实际运行时，系统不对注释语句做任何处理。

（5）循环语句

循环语句为 While 和 EndWhile，其结构为

```
While  条件表达式
....
EndWhile
```

当条件表达式成立时（非零），循环执行 While 和 EndWhile 之间的语句，直到条件表达式不成立（为零），退出。

二、编写脚本程序模拟实现液位变化

二维码 2-8
液位模拟变化
程序设计

编写脚本程序模拟实现液位变化，基本要求如下。

1）水泵打开时液位 1 上升速度为每 400 ms 上升 0.2 m。

2）调节阀打开时

① 液位 2 上升速度为每 400 ms 上升 0.08 m；

② 液位 1 下降速度为每 400 ms 上升 0.07 m。

3）出水阀打开时液位 2 下降速度为每 400 ms 下降 0.05 m。

具体实现步骤如下。

1）在工作台窗口的"运行策略"选项卡中，如图 2-63 所示，双击"循环策略"图标进入策略组态窗口，如图 2-64 所示。

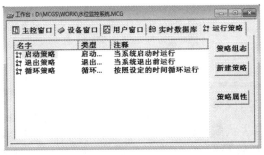

图 2-63　工作台窗口

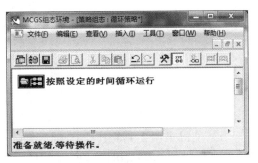

图 2-64　策略组态窗口

2）双击策略组态窗口中"按照设定的时间循环运行"图标 ，弹出"策略属性设置"对话框，修改循环时间为 200，如图 2-65 所示。

3）在策略组态窗口中，单击工具条中的"新增策略行"按钮 ，新增一策略行，如图 2-66 所示。

4）单击工具条中的"工具箱"按钮 ，打开策略工具箱，如图 2-67 所示。

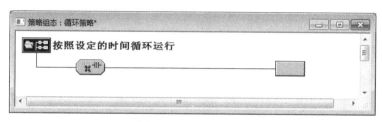

图 2-65 "策略属性设置"对话框

图 2-66 新增策略行

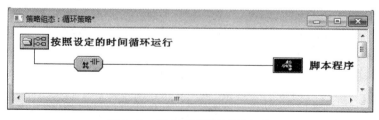

图 2-67 策略工具箱

5）单击策略工具箱中的"脚本程序"，将手状鼠标指针移到策略块图标"▮▮▮▮"上方，单击鼠标左键，添加脚本程序构件，如图 2-68 所示。

图 2-68 脚本程序策略构件加载

6）根据要求编写控制流程。

① 水泵打开时液位 1 上升速度为每 400 ms 上升 0.2 m。程序代码为

```
IF 水泵 =1 THEN
    液位 1 = 液位 1 + 0.1
ENDIF
```

② 调节阀打开时

a. 液位 2 上升速度为每 400 ms 上升 0.08 m;

b. 液位 1 下降速度为每 400 ms 上升 0.07 m。程序代码为

```
IF 调节阀 =1 THEN
    液位 1 = 液位 1 - 0.035
    液位 2 = 液位 2 + 0.04
ENDIF
```

③ 出水阀打开时液位 2 下降速度为每 400 ms 下降 0.05 m。程序代码为

```
IF 出水阀 =1 THEN
    液位 2 = 液位 2 - 0.025
ENDIF
```

三、编写脚本程序实现液位的控制

二维码 2-9
液位控制程序
设计

编写脚本程序实现液位的控制，液位控制基本要求如下：将水罐 1 水位 H1 控制在 1～9 m，水罐 2 水位 H2 控制在 1～6 m。

若要实现储液罐液位控制，可通过控制水泵、调节阀和出水阀的开关状态来实现，具体思路及程序代码如下。

（1）水泵启停控制

1）水泵启停控制要求。当"水罐 1"的液位不足 9 m 时，自动开启"水泵"，否则就要自动关闭"水泵"。

2）语句描述。如果"水罐 1"的液位小于 9 m，则自动启动"水泵"，否则就要自动关闭"水泵"。

3）程序代码为

```
IF 液位 1<9 THEN
    水泵=1
ELSE
    水泵=0
ENDIF
```

（2）调节阀启停控制

1）调节阀启停控制要求。当"水罐 1"的液位大于 1 m，同时"水罐 2"的液位小于 6 m 时，开启"调节阀"，否则自动关闭"调节阀"。

2）语句描述。如果"水罐 1"的液位大于 1 m，同时"水罐 2"的液位小于 6 m，则开启"调节阀"，否则自动关闭"调节阀"。

3）程序代码为

```
IF  液位 1>1 and   液位 2<6   THEN
    调节阀=1
ELSE
    调节阀=0
ENDIF
```

（3）出水阀启停控制

1）出水阀启停控制要求。当"水罐 2"的液位不足 1 m 时，自动关闭"出水阀"，否则自动开启"出水阀"。

2）语句描述。如果"水罐 2"的液位不足 1 m，则自动关闭"出水阀"，否则自动开启"出水阀"。

3）程序代码为

```
IF  液位 2<1 THEN
    出水阀=0
ELSE
    出水阀=1
ENDIF
```

任务 2.7 水位控制报警显示组态

一、报警定义

MCGS 把报警处理作为数据对象的属性，封装在数据对象内，由实时数据库来自动处理。也就是说，设计者需要判断并完成数据对象报警属性的设置，显示数据的报警状态，完成报警产生后的具体处理操作，即对报警动作进行响应。而报警的判断、通知和存储等工作则可由实时数据库自行处理。

本系统水位报警要求为当水位超出控制范围时报警，因此需要对数据对象"液位 1""液位 2"的报警属性进行定义，具体实现步骤如下。

1）在工作台窗口中单击"实时数据库"选项卡，如图 2-69 所示。双击数据对象"液位 1"，在弹出的"数据对象属性设置"对话框中单击"报警属性"中单击，如图 2-70所示。

2）勾选"允许进行报警处理"，报警设置域被激活，可根据要求进行液位 1 报警设置。

① 勾选报警设置栏中的"上限报警"，报警值设为"9"；报警注释输入"水罐 1 的水已达上限值"，设置完成页面如图 2-71 所示。

② 勾选报警设置栏中的"下限报警"，报警值设为"1"；报警注释输入"水罐 1 没水了"，设置完成页面如图 2-72 所示。

3）重复上述步骤设置"液位 2"的报警属性。液位 2 上限报警设置如图 2-73 所示，报警值设为"6"；报警注释输入"水罐 2 的水已达上限值"；液位 2 下限报警设置如图 2-74 所示，报警值设为"1"；报警注释输入"水罐 2 没水了"。

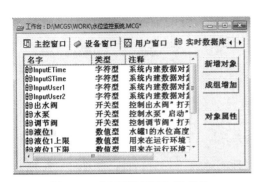

图 2-69 "实时数据库"选项卡

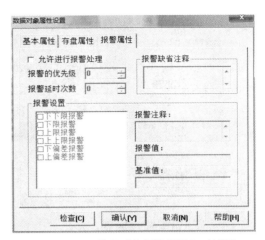

图 2-70 "数据对象属性设置"对话框

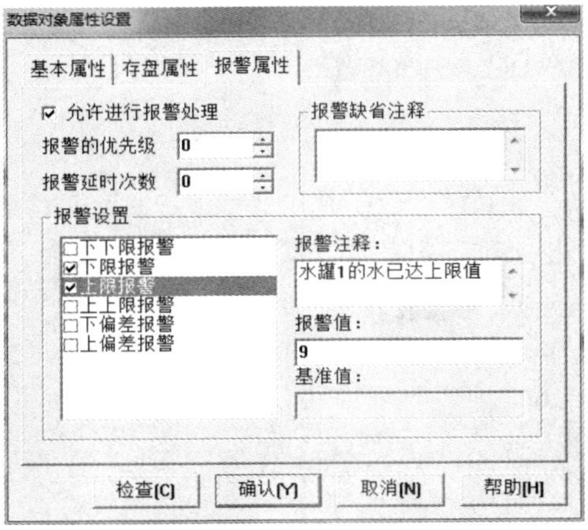

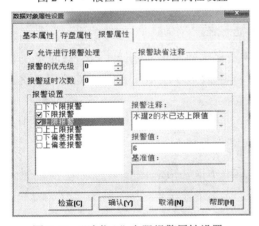

图 2-71 "液位 1"上限报警属性设置

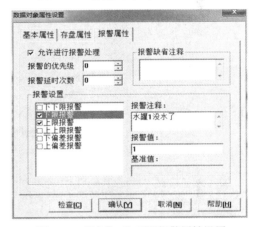

图 2-72 "液位 1"下限报警属性设置

图 2-73 "液位 2"上限报警属性设置

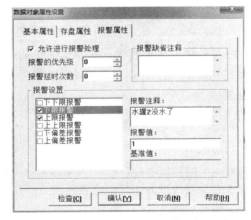

图 2-74 "液位 2"下限报警属性设置

二、报警显示

方法 1：利用"报警显示构件"显示报警信息。

要求用动画构件工具箱上的"报警显示"构件显示报警信息，设置报警显示构件最多能记录的报警信息的个数为 6 个。具体实现步骤如下。

1）双击"用户窗口"中的"水位监控"图标，进入组态画面。单击动画构件工具箱中的"报警显示"构件按钮▣，鼠标的光标呈"十"字形后，在窗口适当位置按住鼠标左键并拉出适当大小的报警显示区域，如图 2-75 所示。

时间	对象名	报警类型	报警事件	当前值	界限值	报警描述
04-23 15:56:24.Data0		上限报警	报警产生	120.0	100.0	Data0 上限报警
04-23 15:56:24.Data0		上限报警	报警结束	120.0	100.0	Data0 上限报警
04-23 15:56:24.Data0		上限报警	报警应答	120.0	100.0	Data0 上限报警

准备就绪,等待操作。

图 2-75　报警显示界面

2）双击该报警显示区域，弹出"报警显示构件属性设置"对话框，如图 2-76 所示。对应的数据对象的名称设为"液位组"；最大记录次数设为"6"。单击"确认"按钮即可完成报警显示设置。

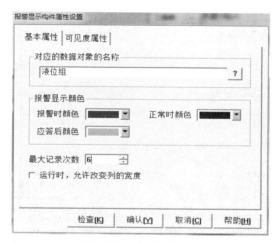

图 2-76　"报警显示构件属性设置"对话框

注意：最大记录次数是指报警显示构件最多能记录的报警信息的个数。当报警个数超过指定个数时，MCGS 将删掉过时的报警信息。如果设为零或不设置，MCGS 则将设定上限为 2000 个报警。

方法 2：利用"报警灯"显示报警信息。

利用指示灯指示液位报警状态，具体要求如下。

水罐 1 液位报警：灯黄色表示报警产生、绿色表示报警结束。

水罐 2 液位报警：灯红色表示报警产生、绿色表示报警结束。

具体实现步骤如下。

1）在"水位监控"窗口插入两盏指示灯。

① 单击"水位监控"窗口工具条中的"工具箱"按钮✗，打开动画构件工具箱。

② 单击动画构件工具箱上"插入元件"构件按钮▣，打开对象元件库管理窗口，如图 2-77 所示。

③ 在对象类型中单击"指示灯"，在右侧窗口中选中"指示灯 1"，再单击"确认"按

54

钮，将指示灯 1 插入用户窗口。

④ 按照上述步骤将"指示灯 3"插入用户窗口。

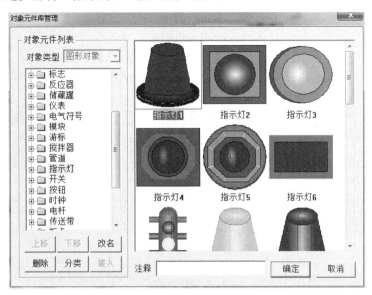

图 2-77　对象元件库管理窗口

2）根据要求对"指示灯 1"进行动画连接，使得"指示灯 1"显示水罐 1 液位报警信息。

① 鼠标双击"指示灯 1"，弹出"单元属性设置"对话框，单击"动画连接"选项卡，如图 2-78 所示。

② 单击"动画连接"选项卡中的"组合图符"，再单击连接表达式部分出现的按钮 >，弹出"动画组态属性设置"对话框，如图 2-79 所示。

③ 单击"动画组态属性设置"对话框中的"填充颜色"选项卡进行设置，分段点 0 对应颜色设置为"绿色"，分段点 1 对应颜色设置为"黄色"；表达式设置为"液位 1>=液位 1上限 or　液位 1<=液位 1 下限"。

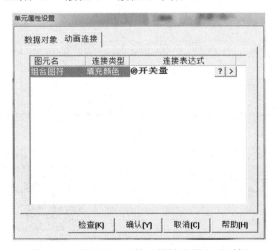

图 2-78　指示灯 1"单元属性设置"对话框

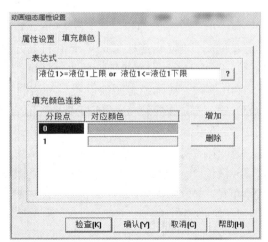

图 2-79　指示灯 1"动画组态属性设置"对话框

3）根据要求对"指示灯 3"进行动画连接，使得"指示灯 3"显示水罐 2 液位报警信息。

分解"指示灯 3"图形符号，如图 2-80 所示，可知"指示灯 3"包含一个红色圆形符号与一个绿色圆形符号，且重叠在一起。因此可以通过设置这两个图形符号的可见度使灯显示红色时代表报警信号产生，灯绿色时代表报警信号结束。具体设置步骤如下。

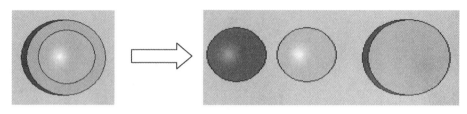

图 2-80　指示灯 3 分解图

① 鼠标双击"指示灯 3"，弹出"单元属性设置"对话框，单击"动画连接"选项卡，如图 2-81 所示，出现两个名字为"组合图符"的图元，上方组合图符对应红色圆球图形符号，下方组合图符对应绿色圆球图形符号。

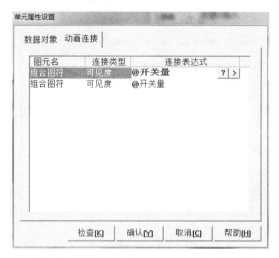

图 2-81　指示灯 3"单元属性设置"对话框

② 单击"动画连接"选项卡中的上方"组合图符"，再单击连接表达式部分出现的按钮 >，弹出"动画组态属性设置"对话框。

③ 单击"动画组态属性设置"对话框中的"可见度"选项卡进行设置，表达式设置为"液位 2>=液位 2 上限 or 液位 2<=液位 2 下限"，当表达式非零时对应图形符号可见，如图 2-82 所示，即报警产生时红色圆球图形符号可见。

④ 采用同样方法对下方"组合图符"的"可见度"选项卡进行设置，表达式设置为"液位 2>=液位 2 上限 or 液位 2<=液位 2 下限"，当表达式非零时对应图形符号不可见，如图 2-83 所示，即报警产生时绿色圆球图形符号不可见。

三、报警数据查询

要求：本系统报警数据查询采用如下两种方法。

二维码 2-11
报警数据查询

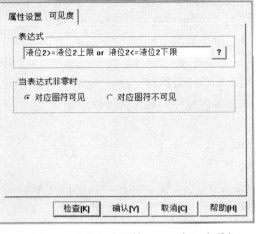

図 2-82 上方組合図符"可见度"选项卡   図 2-83 下方组合图符"可见度"选项卡

方法 1：新建名称为"报警数据"的用户策略来运行"报警信息浏览"功能策略构件，实现液位报警数据的浏览。"用户策略"的调用采用名字为"报警数据"的菜单或者在用户窗口中添加一个名称为"报警数据"的标准按钮，通过单击按钮实现""报警数据"用户策略的执行。

方法 2：利用快捷键〈W〉实现液位数据报警信息浏览。

设计分析如下。

（1）报警信息如何存盘

在工作台窗口"实时数据库"选项卡中，双击数据对象"液位 1"和"液位 2"，弹出"数据对象属性设置"对话框，在对话框中完成报警属性设置。"数据对象值的存盘"选择定时存盘，存盘周期根据实际需要设置，例如设置为 5 s。此外还特别要注意勾选"报警数值的存盘"栏中的"自动保存产生的报警信息"项，否则将无法查询到历史的报警信息，如图 2-84 所示。

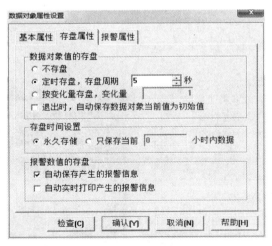

图 2-84 存盘属性

（2）使用什么构件来浏览报警信息

MCGS 中的策略构件以功能块的形式来完成对实时数据库的操作、用户窗口的控制等功

57

能。目前，MCGS 为用户提供了定时器构件、脚本程序构件、报警信息浏览等策略构件。其中报警信息浏览构件可以对报警存盘数据进行数据显示，故可用其来实现报警信息浏览。

（3）为何使用用户策略与热键策略调用报警信息浏览构件

用户策略是用户自定义的功能模块，常用菜单命令和按钮动画连接实现用户策略的调用。热键策略由用户在组态时创建，当用户按下对应的热键时执行一次。这两种类型策略，可让用户以菜单、按钮、热键方式调用报警信息浏览策略构件，操作简便且能随时查询历史报警信息，广受用户喜爱。

方法 1 的实现步骤如下。

（1）新建名称为"报警数据"的用户策略

1）在工作台窗口"运行策略"选项卡中，单击"新建策略"按钮，弹出"选择策略的类型"对话框，如图 2-85 所示，默认选中的策略类型为"用户策略"，单击"确认"按钮，在运行策略窗口中新增名称为"策略 1"的用户策略，如图 2-86 所示。

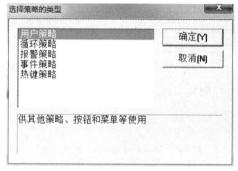

图 2-85 "选择策略的类型"对话框

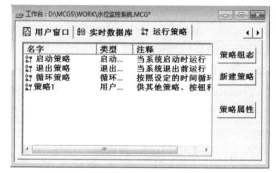

图 2-86 运行策略窗口

2）选中"策略 1"，单击"策略属性"按钮，弹出"策略属性设置"对话框，设置信息参考图 2-87。策略名称为"报警数据"；策略内容注释输入"水罐的报警数据"。单击页面中的"确认"按钮，保存退出，返回运行策略窗口，此时窗口中的用户策略"策略 1"名称已被修改为"报警数据"，如图 2-88 所示。

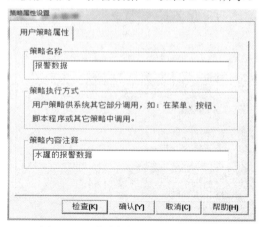

图 2-87 "策略属性设置"对话框

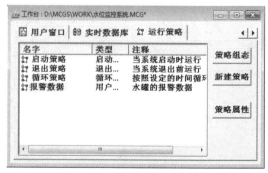

图 2-88 新增报警数据运行策略窗口

（2）"报警数据"用户策略组态

1）双击"报警数据"或选中"报警数据"后单击"策略组态"按钮，进入策略组态窗口。

2）单击策略组态窗口工具条中的"新增策略行"按钮 ，新增一策略行。打开策略工具箱，并选取"报警信息浏览"策略构件，添加到新增的策略行上，如图 2-89 所示。

图 2-89　策略组态窗口

3）双击策略组态窗口图标 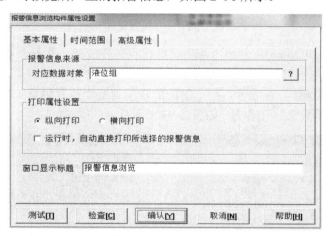，弹出"报警信息浏览构件属性设置"对话框，如图 2-90 所示。在"基本属性"选项卡中，报警信息来源对应数据对象设置为"液位组"，单击页面中的"测试"按钮，可预览所产生的报警信息，如图 2-91 所示。

图 2-90　"报警信息浏览构件属性设置"对话框

（3）策略调用

方法 1：新建名称为"报警数据"的菜单调用"报警数据"用户策略。

1）在 MCGS 工作台窗口"主控窗口"选项卡中，单击页面中的"菜单组态"按钮，进入菜单组态窗口。

2）单击工具条中的"新增菜单项"按钮，新增默认名称为"操作 0"菜单，如图 2-92 所示。

图 2-91　报警信息浏览页面

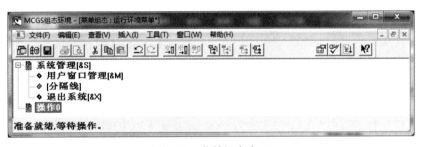

图 2-92　菜单组态窗口

3）双击"操作 0"菜单，弹出"菜单属性设置"对话框，单击"菜单属性"选项卡进行设置。菜单名设置为"报警数据"，如图 2-93 所示。

4）单击"菜单操作"选项卡，菜单对应的功能勾选"执行运行策略块"，并在其后下拉菜单中选择"报警数据"策略块，如图 2-94 所示。

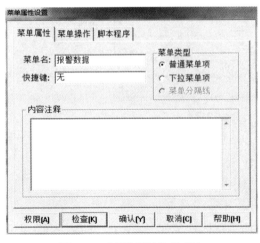

图 2-93　"菜单属性"选项卡

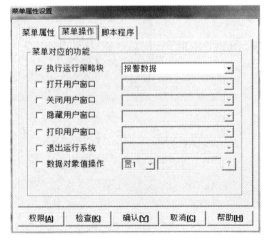

图 2-94　"菜单操作"选项卡

60

如此，当系统运行时，单击名称为"报警数据"菜单，则可以调用"报警数据"用户策略，实现历史报警数据查询。

方法2：采用名称为"报警数据"的标准按钮调用"报警数据"用户策略。

1）单击动画构件工具箱内的"标准按钮"构件按钮，鼠标的光标呈"十"字形，在窗口适当位置按住鼠标左键并根据需要拉出一个一定大小按钮。

2）双击"按钮"，弹出"标准按钮构件属性设置"对话框，单击"基本属性"选项卡进行设置。按钮标题设置为"报警数据"，如图2-95所示。

3）单击"操作属性"选项卡，按钮对应的功能勾选"执行运行策略块"，并在其后下拉菜单中选择"报警数据"策略块，如图2-96所示。

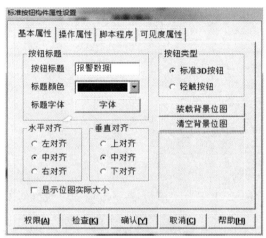

图 2-95　按钮"基本属性"选项卡

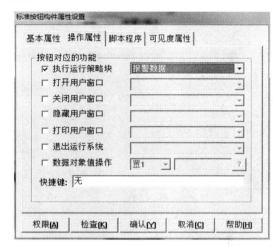

图 2-96　按钮"操作属性"选项卡

当系统运行时，单击名称为"报警数据"按钮，如图 2-97 所示，同样可以调用"报警数据"用户策略，实现历史报警数据查询。

图 2-97　"报警数据"按钮

二维码 2-12
报警限值修改

四、修改报警限值

在前期的设计过程中，已将系统实时数据库中的"液位 1""液位 2"上下限报警值设置为固定值。但在系统实际应用过程中，用户往往需要根据实际情况随时改变报警上、下限值。下面重点介绍系统运行过程中报警限值修改的实现过程。

1. 设置报警限值相关数据对象的初值

1）在工作台窗口"实时数据库"选项卡中，双击数据对象"液位 1 上限"，弹出"数据对象属性设置"对话框。

2）根据表 2-7 要求，在"基本属性"选项卡中，将"液位 1 上限"数据对象的初值设置为"9"，如图 2-98 所示。

表 2-7 水罐报警限值相关数据对象初值表

数 据 名 称	数 据 类 型	数 据 初 值	对象内容注释
液位 1 上限	数 值 型	9	水罐 1 的上限报警值
液位 1 下限	数 值 型	1	水罐 1 的下限报警值
液位 2 上限	数 值 型	6	水罐 2 的上限报警值
液位 2 下限	数 值 型	1	水罐 2 的下限报警值

图 2-98 "数据对象属性设置"对话框

3）按照类似的步骤完成"液位 1 下限""液位 2 上限"、"液位 2 下限"三个数据对象的初值。

2. 制作交互界面

制作交互界面实现新报警限值输入，参考界面如图 2-99 所示。所需使用的动画构件如图 2-100 所示。

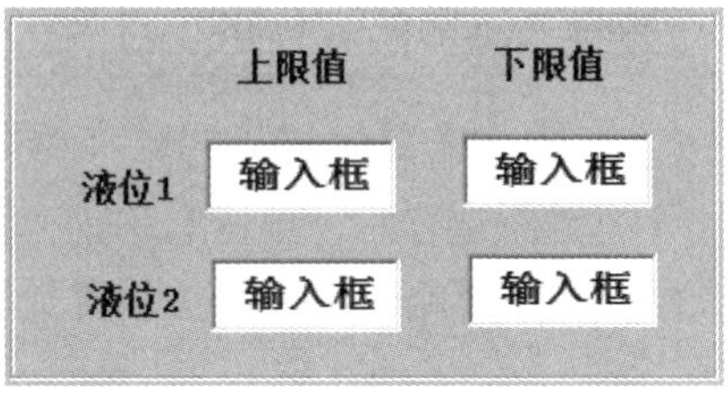

1）使用动画构件工具箱上的"标签"构件 **A**，制作文字"液位 1""液位 2""上限值"和"下限值"。

2）使用动画构件工具箱上的"输入框"构件

图 2-99 新报警限值输入界面

abl，绘制 4 个等高宽的输入框，分别用于输入"液位 1 上限值""液位 1 下限值""液位 2 上限值"和"液位 2 下限值"，并排列整齐。

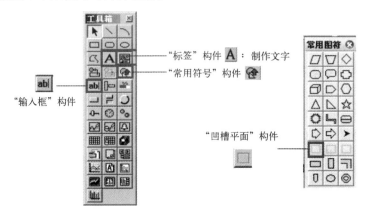

图 2-100 动画构件工具箱

3）单击动画构件工具箱上的"常用符号"构件🐢，在弹出的"常用图符"工具栏中选择"凹槽平面"构件制作背景框。

4）双击液位1上限输入框，弹出"输入框构件属性设置"对话框。

5）根据表2-8可知，"液位1上限"的输入值在[6，10]之间。"液位1上限"设定值的输入框属性设置如图2-101所示。对应数据对象的名称为"液位1上限"；数值输入的取值范围设置为最小值"6"、最大值"10"。

6）按照类似的步骤设置另外三个输入框的"操作属性"，其中"液位1下限"输入框属性设置如图2-102所示。

表2-8 输入框输入范围

输 入 框	最 小 值	最 大 值
液位1上限	6	10
液位1下限	0	4
液位2上限	4	6
液位2下限	0	2

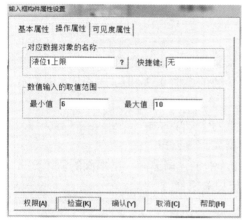

图2-101 "液位1上限"输入框属性设置

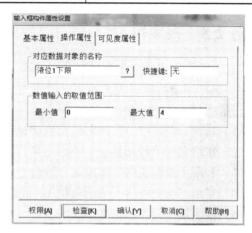

图2-102 "液位1下限"输入框属性设置

3. 编写控制流程

将输入框所输入的新报警限值设置为数据对象"液位1""液位2"新的报警值，是设计过程中需要解决的又一新问题。通过查找用户帮助手册，可知函数!SetAlmValue(DatName，Value，Flag)适合用于设置液位1和液位2的报警上限、下限值。

函数!SetAlmValue(DatName，Value，Flag)意义：设置数据对象 DatName 对应的报警限值，只有在数据对象 DatName "允许进行报警处理"的属性被选中后，本函数的操作才有意义。函数参数介绍见表2-9。

表2-9 函数参数

参 数	含 义
DatName	数据对象名
Value	新的报警值，数值型

参　　数	含　　义
Flag	数值型，标志要操作何种限值： =1 下下限报警值；=2 下限报警值； =3 上限报警值；=4 上上限报警值； =5 下偏差报警限值；=6 上偏差报警限值； =7 偏差报警基准值

具体实现步骤如下。

1）双击运行策略窗口中的"循环策略"图标，进入策略组态窗口。

2）双击策略组态窗口的脚本程序图标 脚本程序，进入脚本程序编辑环境，输入下面的程序：

!SetAlmValue(液位 1,液位 1 上限,3)

!SetAlmValue(液位 1,液位 1 下限,2)

!SetAlmValue(液位 2,液位 2 上限,3)

!SetAlmValue(液位 2,液位 2 下限,2)

3）单击"确认"按钮，脚本程序编写完毕。

任务 2.8　报表输出

在工程应用中，大多数监控系统需要对设备采集的数据进行存盘和统计分析，并根据实际情况打印出数据报表。本系统要求生成水位参数的实时报表和历史报表，供显示和打印，具体如下。

1）新建一个窗口，窗口名称、窗口标题均设置为"数据显示"。

2）新增名为"数据显示"菜单项来打开"数据显示"窗口。

3）利用"自由表格"实时显示液位 1、液位 2、水泵、调节阀、出水阀的值。

4）利用"历史表格"显示液位 1、液位 2 的历史液位值。

5）报表输出效果如图 2-103 所示。

水位控制系统数据显示

实时数据

液位1	1|0
液位2	1|0
水泵	1|0
调节阀	1|0
出水阀	1|0

历史数据

采集时间	液位1	液位2
	1|0	1|0
	1|0	1|0
	1|0	1|0
	1|0	1|0
	1|0	1|0

图 2-103　报表画面

一、实时报表制作

实时报表是对瞬时量的反映，通常用于将当前时间的数据变量按一定报告格式显示和打印出来。本系统实时报表具体制作步骤如下。

二维码 2-13
报表制作

1. 新建窗口

在"用户窗口"中，新建一个窗口，将窗口名称、窗口标题均设置为"数据显示"，窗口位置设为"最大化显示"。

2. 新增菜单

在"主控窗口"中进行菜单组态，新增名称为"数据显示"的菜单项，用于打开"数据显示"用户窗口，如图2-104所示。

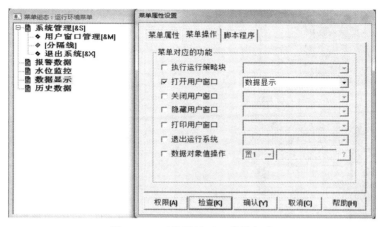

图2-104 "数据显示"菜单组态

3. 制作文字

依据报表输出效果图，使用动画构件工具箱中的"标签"构件 **A** 制作文字"水位控制系统数据显示""实时数据"和"历史数据"。

4. 使用"自由表格"制作实时报表

1）单击动画构件工具箱中的"自由表格"构件按钮 ▦，在桌面适当位置，绘制一个表格。

2）双击自由表格，使其进入编辑状态。

列宽行高调整：改变单元格大小的方法同微软的Excel表格的编辑方法，把鼠标指针移到A与B或1与2之间，当鼠标指针呈分隔线形状时，拖动鼠标至所需大小即可。

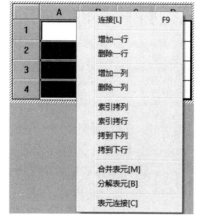

图2-105 自由表格编辑

行数列数增删：保持编辑状态，单击鼠标右键，弹出下拉菜单，如图2-105所示，选取"删除一列"选项，连续操作两次，删除两列。再选取"增加一行"，在表格中增加一行，编辑完成后的自由表格为5行2列，如图2-106所示。

单元格内容输入：A列的五个单元格中分别输入"液位1""液位2""水泵""调节阀""出水阀"；B列的五个单元格中均输入"1|0"，表示输出的数据有1位小数，无空格。内容输入完成后的自由表格如图2-107所示。

单元格内容连接：在处于编辑状态的自由表格上方单击右键，弹出下拉菜单，选取"连接"选项，自由表格进入连接状态，行与列的标号均加上*号，如图2-108所示。单击选中B列1行单元格，再次单击右键，弹出数据对象列表，双击数据对象"液位1"，B列1

行单元格与数据库中的数据对象"液位 1"相连，即运行时 B 列 1 行单元格所显示的数值为
"液位 1"的数值。按照上述操作，将 B 列的 2、3、4、5 行分别与数据对象"液位 2""水
泵""调节阀""出水阀"建立连接，完成后如图 2-109 所示。

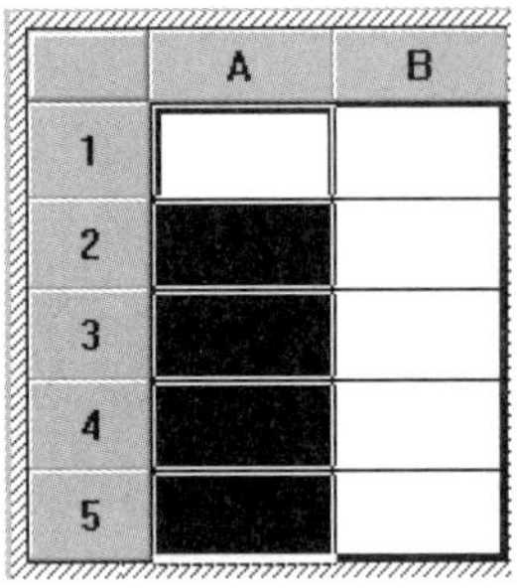

图 2-106　5 行 2 列自由表格

图 2-107　内容输入完成后的自由表格

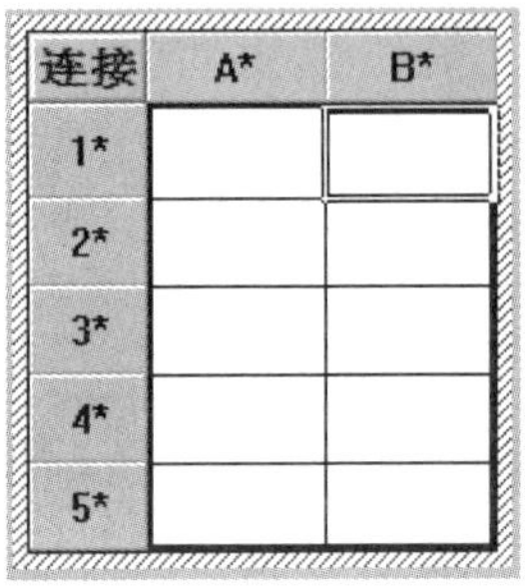

图 2-108　数据连接界面

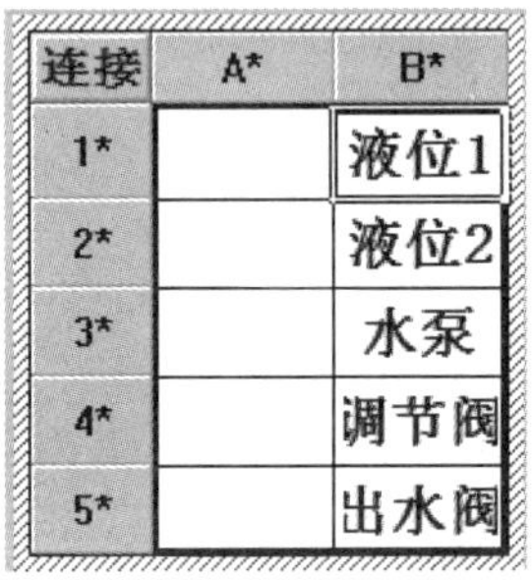

图 2-109　数据连接完成界面

二、历史报表制作

历史报表通常用于从历史数据库中提取数据记录，并以一定的格式显示历史数据。
MCGS 软件制作历史报表主要有三种方法。

方法 1：利用动画构件中的"历史表格"构件。

方法 2：利用动画构件中的"存盘数据浏览"构件。

方法 3：利用策略构件中的"存盘数据浏览"构件。

下面以方法 1 为例介绍历史报表的制作方法，具体实现步骤如下。

1. 历史数据表格绘制与外观编辑

1）单击动画构件工具箱中的"历史表格"构件按钮▦，在"数据显示"窗口适当位置
绘制一个表格，表格默认行列数为 4 行 4 列。

2）双击历史表格，使其进入编辑状态，调整 C1 列宽，使用快捷菜单中的"增加一行"
"删除一列"选项，执行删除一列增加一行操作，制作一个 5 行 3 列表格，编辑方法可参考
前面所述的自由表格编辑方法。

2. 历史数据表格内容编辑

根据图 2-110 编辑表格内容。列表头分别为"采集时间""液位 1""液位 2"；值输出
格式均为 1|0。

3. 数据连接与显示设置

1）选中 R2、R3、R4、R5，如图 2-111 所示。单击右键，选择"连接"选项，此时历

史表格状态如图 2-112 所示。

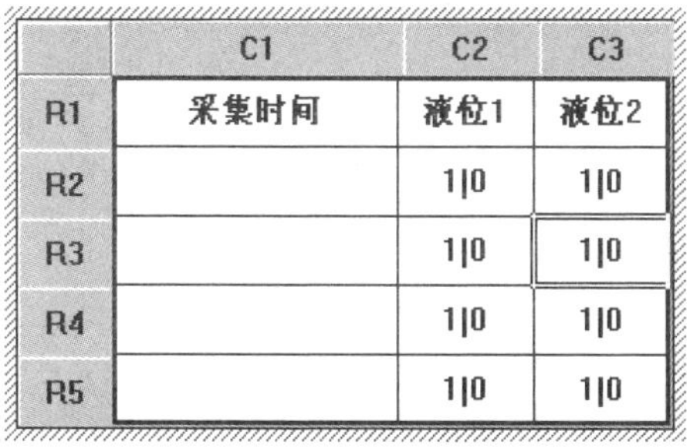

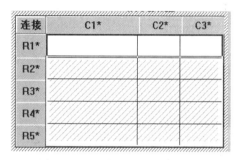

图 2-110 历史表格内容 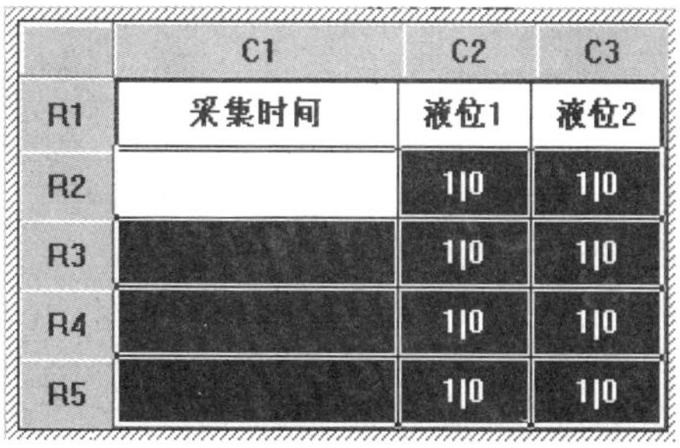　　　　　　　　　　图 2-111 历史表格行选中

2）单击菜单栏中的"表格"菜单，选择"合并表元"选项，所选区域会出现反斜杠，如图 2-113 所示。

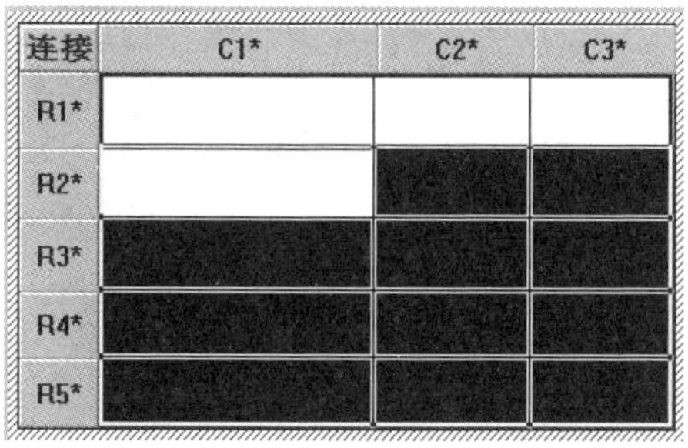

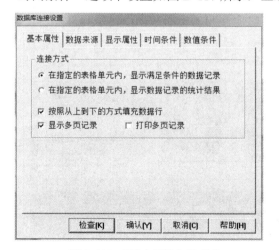

图 2-112 历史表格连接状态

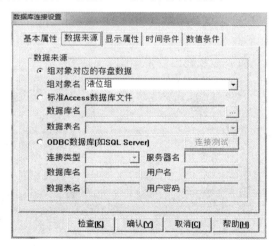

图 2-113 历史表格合并表元状态

3）双击表格中反斜杠处，弹出"数据库连接设置"对话框，完成各项属性设置。

"基本属性"选项卡设置如图 2-114 所示，勾选"显示多页记录"。"数据来源"选项卡设置如图 2-115 所示，选取"组对象对应的存盘数据"栏中组对象名为"液位组"。"显示属性"选项卡设置如图 2-116 所示：单击"复位"按钮，使对应的数据列内容显示正常。"时间条件"选项卡设置如图 2-117 所示，显示所有的存盘数据，且按时间升序排列。

图 2-114 "基本属性"选项卡　　　　　　图 2-115 "数据来源"选项卡

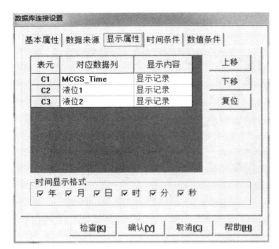

图 2-116 "显示属性"选项卡

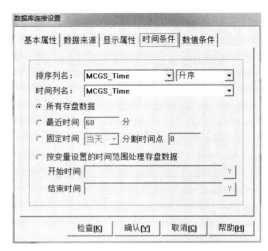

图 2-117 "时间条件"选项卡

4．运行观察

按〈F5〉快捷键进入运行环境，单击"数据显示"菜单项，打开数据显示窗口，观察历史数据报表显示情况。

二维码 2-14
曲线制作

任务 2.9　曲线显示

在实际生产过程中，对实时数据、历史数据的查看、分析是不可缺少的工作，但对大量数据仅做定量的分析还远远不够，必须根据大量的数据信息，绘制出趋势曲线，从趋势曲线的变化中发现数据的变化规律。因此，趋势曲线处理在工控系统中成为一个非常重要的部分。

MCGS 组态软件能为用户提供功能强大的趋势曲线。通过众多功能各异的曲线构件，包括历史曲线、实时曲线、计划曲线，以及相对曲线和条件曲线，用户能够组态出各种类型的趋势曲线，从而满足工程项目的不同需求。

本系统要求数据显示窗口绘制水位参数的实时曲线和历史曲线，供显示和打印，具体如下。

1）曲线输出效果如图 2-118 所示。

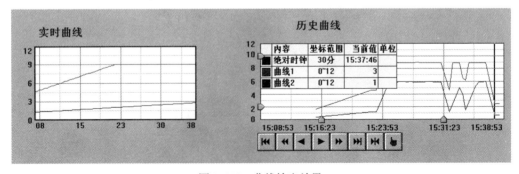

图 2-118　曲线输出效果

2）液位 1 用红色曲线表示，液位 2 用蓝色曲线表示。

3）纵坐标的范围为[0，12]。

4）实时曲线形式实时显示液位 1、液位 2 当前 30 s 液位值。

5）历史曲线形式显示液位 1、液位 2 历史值，曲线名称为"液位历史曲线"，Y 轴主划线为 6，背景颜色为白色，要求显示当前 30 min 的液位数据历史值。

一、实时曲线制作

实时曲线显示一个或多个数据对象数值的动画图形。在 MCGS 运行时，从 MCGS 实时数据库中读取数据，同时，以时间为 X 轴进行曲线绘制。制作实时曲线具体步骤如下。

1．制作文字

依据曲线输出效果图，使用动画构件工具箱中的"标签"构件 **A** 制作文字"实时曲线"。

2．曲线绘制

单击动画构件工具箱中的"实时曲线"构件按钮 ⌧，在文字"实时曲线"下方适当位置，绘制一个一定大小的实时曲线显示区域。

3．曲线编辑

双击实时曲线显示区域，弹出"实时曲线构件属性设置"对话框，分别单击"标注属性"和"画笔属性"选项卡，完成对应的属性设置。

1）"标注属性"选项卡设置页面如图 2-119 所示。"X 轴标注"栏中时间格式为"SS"；时间单位为"秒钟"；X 轴长度为"30"。"Y 轴标注"栏中最小值设为"0"，最大值设为"12"；小数位数为"1"。

2）"画笔属性"选项卡设置页面如图 2-120 所示。曲线 1 关联数据对象"液位 1"，颜色设置为"红色"；曲线 2 关联数据对象"液位 2"，颜色设置为"蓝色"。

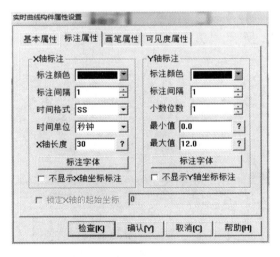

图 2-119 "标注属性"选项卡

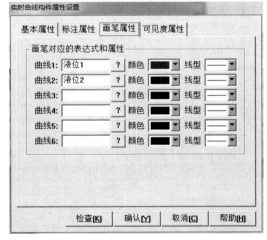

图 2-120 "画笔属性"选项卡

3）其他属性保留默认选择项，单击"确认"按钮，保存设置并退出。属性设置完成前后实时曲线对比如图 2-121 所示。

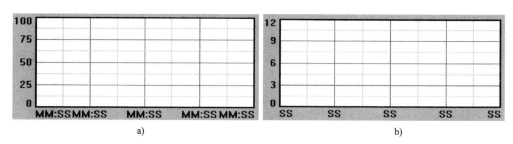

a)   b)

图 2-121　属性设置前后实时曲线对比图

a) 属性设置前　b) 属性设置后

二、历史曲线制作

历史曲线构件实现了历史数据的曲线浏览功能。运行时，历史曲线构件能够根据需要画出相应历史数据的趋势效果图。历史曲线主要用于事后查看数据和状态变化趋势，总结规律。制作历史曲线具体步骤如下。

1. 制作文字

依据曲线输出效果图，使用动画构件工具箱中的"标签" 制作文字"历史曲线"。

2. 曲线绘制

单击动画构件工具箱中的"历史曲线"构件按钮 ，在文字"历史曲线"下方适当位置，绘制一个一定大小的历史曲线显示区域。

3. 曲线编辑

双击历史曲线显示区域，弹出"历史曲线构件属性设置"对话框，分别单击"基本属性""存盘数据""标注属性"和"曲线标识"选项卡完成对应的属性设置。

1）"基本属性"选项卡设置页面如图 2-122 所示。曲线名称设置为"液位历史曲线"；"Y 主划线：数目"设为"6"；"曲线背景：背景颜色"设为"白色"。

2）"存盘数据"选项卡设置页面如图 2-123 所示。"历史存盘数据来源"栏中组对象对应的存盘数据设为"液位组"。

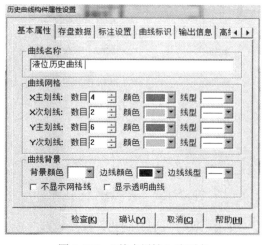

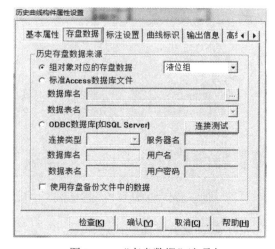

图 2-122　"基本属性"选项卡   图 2-123　"存盘数据"选项卡

3）"曲线标识"选项卡设置页面如图 2-124 所示。

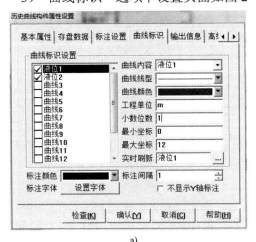 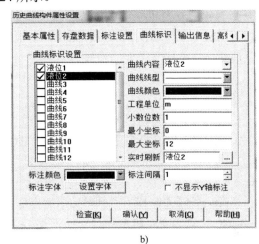

図 2-124 "曲线标识"选项卡

a) 液位 1 曲线标识　b) 液位 2 曲线标识

曲线标识设置栏中勾选曲线 1。曲线内容设为"液位 1"；曲线颜色为"红色"；工程单位为"m"；小数位数为"1"；最大值设为"12"；实时刷新设为"液位 1"；其他不变。

曲线标识设置栏中勾选曲线 2。曲线内容设为"液位 2"；曲线颜色为"蓝色"；工程单位为"m"；小数位数为"1"；最大值设为"12"；实时刷新设为"液位 2"；其他不变。

4）"标注属性"选项卡设置页面如图 2-125 所示。"X 轴标识设置"栏中的坐标长度设为"30"；时间单位设为"分"。

5）其他属性保留默认选择项，单击"确认"按钮，保存设置并退出。属性设置完成后的历史曲线如图 2-126 所示。

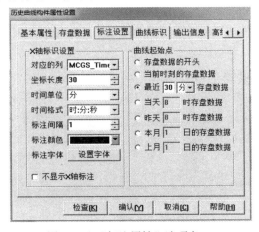 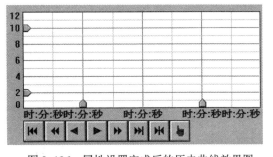

图 2-125 "标注属性"选项卡　　　　图 2-126 属性设置完成后的历史曲线效果图

任务 2.10　安全机制建立

工业过程控制中，应该尽量避免由于现场人为的误操作所引发的故障或事故，而某些误操作所带来的后果有可能是致命性的。为了防止这类事故的发生，MCGS 组态软件提供了一套完善的安全机制，严格限制各类操作的权限，使不具备操作资格的人员无法进行操作，从而避免了现场操作的任意性和无序状态，防止因误操作干扰系统的正常运行，甚至导致系统瘫痪，造成不必要的损失。

本系统要求建立工程安全机制，为用户"杨敏""李雷"分配不同权限。

杨敏：

1）能在运行时进行用户和用户组管理。

2）能进行"打开工程""退出系统"的操作。

3）能进行水罐水量的控制，调节阀、出水阀、水泵的手动控制，修改报警上、下限值。

李雷：只能进行基本菜单和按钮的操作。

MCGS 建立安全机制的要点是严格规定操作权限，不同类别的操作由不同权限的人员负责，只有获得相应操作权限的人员，才能进行某些功能的操作。此外，MCGS 组态软件的安全管理机制和 Windows NT 类似，引入用户组和用户的概念来进行权限的控制。因此首先需要让此系统拥有两个用户组，例如"管理员组"和"操作员组"。再让用户"杨敏""李雷"分别隶属于不同的用户组，根据用户权限描述，"杨敏"应隶属于"管理员组"而"李雷"隶属于"操作员"组。最后根据权限描述为"杨敏"和 "李雷"分配不同的系统权限、运行权限及操作权限。具体实现步骤如下。

一、定义用户和用户组

1. 打开用户管理器

单击"工具"菜单中的"用户权限管理"选项，如图 2-127 所示，弹出"用户管理器"对话框，对话框中默认定义的用户名、用户组名为"负责人""管理员组"。该窗口分为上下两个区域，鼠标单击用户管理器上半部分和下半部分时，窗口界面下端的按钮内容将发生变化，如图 2-128 所示。当鼠标单击用户管理器上半部分时可以开始新增用户操作，单击下半部分则可进行新增用户组工作。

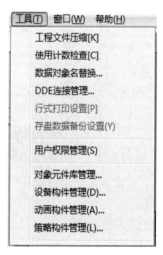

图 2-127 用户权限管理菜单

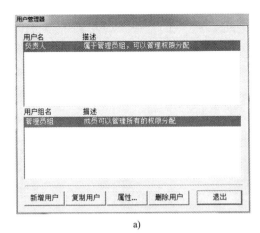 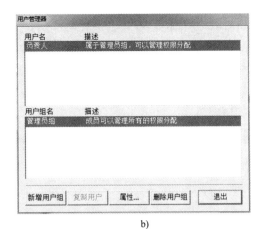

a)   b)

图 2-128 "用户管理器"对话框

a) 鼠标单击上半部分空白区域   b) 鼠标单击下半部分空白区域

2. 定义用户组

1）单击用户管理器下半部分，进入用户组编辑状态。

2）单击"新增用户组"按钮，弹出"用户组属性设置"对话框，完成属性设置后的页面如图 2-129 所示。用户组名称设置为"操作员组"；用户组描述设置为"只能进行基本菜单和按钮的操作"。

图 2-129 "用户组属性设置"对话框

3）单击"确认"按钮，回到"用户管理器"对话框。

3. 定义用户

1）单击用户管理器上半部分，进入用户编辑状态。

2）单击"新增用户"按钮，弹出"用户属性设置"对话框，开始添加用户"杨敏"，重复新增用户操作，添加用户"李雷"，用户信息见表 2-10，用户属性设置页面分别如图 2-130 和图 2-131 所示。

表 2-10 用户信息

用 户 名 称	杨　　敏	李　　雷
用户描述	管理员	操作员
用户密码	111	222
确认密码	111	222
隶属用户组	管理员组	操作员组

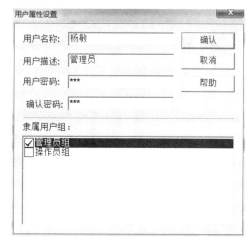

图 2-130　用户"杨敏"属性设置

图 2-131　用户"李雷"属性设置

二、系统权限管理

1）进入主控窗口，选中"主控窗口"图标，单击"系统属性"按钮，弹出"主控窗口属性设置"对话框。

2）单击"基本属性"选项卡，单击页面中的"权限设置"按钮，如图 2-132 所示，弹出"用户权限设置"对话框，如图 2-133 所示，在许可用户组拥有此权限列表中，勾选"管理员组"，单击"确认"按钮，返回"主控窗口属性设置"对话框。在下方的下拉框中选择"进入登录，退出不登录"，单击"确认"按钮，完成系统权限设置。

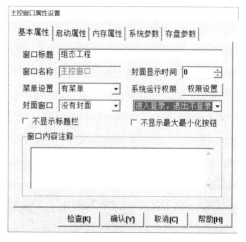

图 2-132　"主控窗口属性设置"对话框

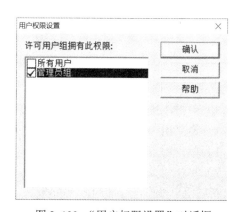

图 2-133　"用户权限设置"对话框

三、操作权限管理

1）滑动输入器操作权限设置，如图 2-134 所示。

① 进入水位监控窗口，双击水罐 1 对应的滑动输入器，弹出"滑动输入器构件属性设置"对话框。

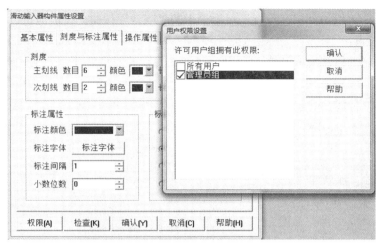

图 2-134 "滑动输入器构件属性设置"对话框

② 单击"滑动输入器构件属性设置"对话框下端的"权限"按钮，弹出"用户权限设置"对话框。

③ 设置许可用户组拥有此权限：管理员组，单击"确认"按钮，重新返回"滑动输入器构件属性设置"对话框。

④ 单击"滑动输入器构件属性设置"对话框中的"确认"按钮，完成水罐 1 滑动输入器操作权限设置。

⑤ 采用同样的方法完成水罐 2 对应的滑动输入器操作权限设置。

2）输入框操作权限设置，如图 2-135 所示。

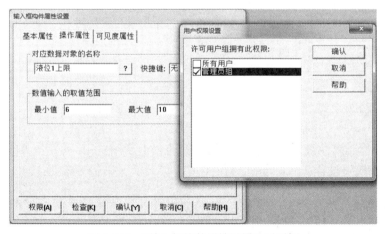

图 2-135 "输入框构件属性设置"对话框

① 进入水位监控窗口，双击液位 1 上限对应的输入框，弹出"输入框构件属性设置"对话框。

② 单击"输入框构件属性设置"对话框下端的"权限"按钮，弹出"用户权限设置"对话框。

③ 设置许可用户组拥有此权限：管理员组，单击"确认"按钮，重新返回"输入框构件属性设置"对话框。

④ 单击"输入框构件属性设置"对话框中的"确认"按钮，完成液位 1 上限对应的输入框操作权限设置。

⑤ 采用同样的方法完成液位 1 下限、液位 2 上限和液位 2 下限对应的输入框操作权限设置。

3）水泵、阀门操作权限设置，如图 2-136、图 2-137 所示。

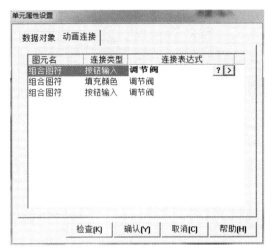

图 2-136 "单元属性设置"对话框

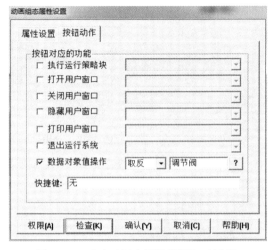

图 2-137 "动画组态属性设置"对话框

① 进入水位监控窗口，双击调节阀，弹出"单元属性设置"对话框，如图 2-136 所示。

② 单击"单元属性设置"对话框中第一行的"组合图符"，单击连接表达式下方的按钮，弹出"动画组态属性设置"对话框，如图 2-137 所示。

③ 单击"动画组态属性设置"对话框下方的"权限"按钮，弹出"用户权限设置"对话框。

④ 设置许可用户组拥有此权限：管理员组，单击"确认"按钮，重新返回"动画组态属性设置"对话框。

⑤ 单击"动画组态属性设置"对话框的"确认"按钮，返回"单元属性设置"对话框。

⑥ 单击"单元属性设置"对话框中第三行的"组合图符"，重复步骤②～⑤，完成该图符对应的操作权限设置。

注意：系统运行时，获得水泵操作权限的用户可以实现水泵的打开和关闭这两种操作。因此在设置水泵操作权限时，连接类型为"按钮输入"的两个组合图符都需要进行操作权限设置，才能实现调节阀"由开到关"和"由关到开"的权限分配。

⑦ 同样的方法完成调节阀和出水阀的操作权限设置。

四、运行时进行权限管理

运行时的权限通常包括登录用户、退出登录、用户管理和修改密码等操作，需要通过编写脚本程序进行实现。具体实现步骤如下。

1. 新建菜单

单击主控窗口工具条上"新增菜单"按钮 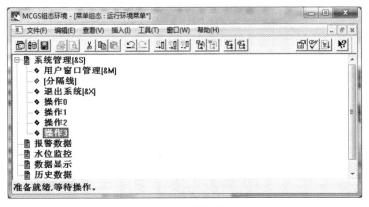，在系统管理菜单下添加 4 个菜单项：默认名称为"操作 0""操作 1""操作 2""操作 3"，如图 2-138 所示。

图 2-138　新增菜单项

2. 菜单属性设置

1）双击"操作 0"，弹出"菜单属性设置"对话框，在"菜单属性"选项卡中修改菜单名为"登录用户"，如图 2-139 所示。

2）单击"脚本程序"选项卡，在菜单脚本程序编辑区中输入!LogOn( )，如图 2-140 所示。

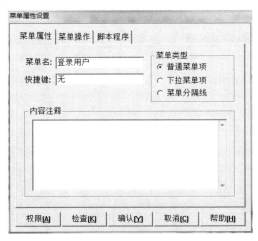

图 2-139　"菜单属性"选项卡　　　　图 2-140　"脚本程序"选项卡

3）单击"菜单属性设置"对话框的"确认"按钮，完成设置并退出。

4）按〈F5〉快捷键，进入运行环境后，出现图 2-141 所示的登录界面。

5）采用类似的方法将其余几个新增菜单项的名称分别修改为"退出登录""用户管理"和"修改密码"。脚本程序编辑器分别输入以下函数。

退出登录：!LogOff( )

用户管理：!Editusers( )

修改密码：!ChangePassword( )

图 2-141　用户登录界面

修改完成后的菜单页面如图 2-142 所示。

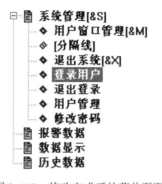

图 2-142　修改完成后的菜单页面

项目 3　机械手监控系统设计

学习目标

◇ 能熟练应用 MCGS 组态软件工具箱进行监控界面设计;

◇ 分析控制要求,根据需要建立不同的运行策略并编写一类顺序控制程序;

◇ 能将画面与数据对象进行关联,并编写脚本程序实现监控界面动画显示。

知识点与技能点

知识点:

1. 掌握动画构件工具箱中矩形、直线、标准按钮等常用动画构件的功能及使用方法;

2. 熟悉对象元件库中机械手、管道、指示灯等图形符号;

3. 掌握定时器、脚本程序策略构件的功能及使用方法;

4. 掌握位置动画连接类型与功能,图形对象大小变化七种方式、缩放与剪切变化方式的区别;

5. 掌握合成单元、分解单元、构成图符和分解图符的含义;

6. 掌握启动策略、退出策略、循环策略的含义,循环策略执行时间的设置方法;

7. 掌握 MCGS 脚本程序的语法规则,条件语句、退出语句的作用。

技能点:

1. 能新建工程,新建用户窗口,并定义窗口的名称与标题,将窗口设置为启动窗口且最大化显示;

2. 能根据要求绘制文字、直线、矩形、按钮、机械手、管道、指示灯,并修改内容、大小等属性,执行位置、方向、角度调整、动画连接等操作;

3. 能创建循环策略,设置策略循环执行时间,加载定时器、脚本程序等策略构件,并编写顺序控制程序;

4. 能对图形对象进行水平移动、垂直移动、大小变化动画连接,并设计画面动画控制程序。

任务 3.1　工程分析与建立

一、工程分析

1. 控制要求

机械手是一种能模仿人手和臂的某些动作功能,用以按固定程序抓取、搬运物件或操作工具的自动操作装置。它可代替人的繁重劳动以实现生产的机械化和自动化,能在有害环境下操作以保护人身安全，因而广泛应用于机械制造、冶金、电子、轻工和原子能等部门。本次设计主要对机械手搬运工件过程进行监控，机械手处于待搬运工件正上方，根据要求将工件搬运至操作台后重新返回初始位置，开始新一轮工作。具体监控要求如下。

1）按下"启动/停止"按钮后，机械手下移 5 s，夹紧 2 s，上移 5 s，右移 10 s，下移 5 s，放松 2 s，上移 5 s，左移 10 s，最后回到原始位置，自动循环。

2）松开"启动/停止"按钮，机械手停在当前位置。

3）按下"复位/停止"按钮后，机械手在完成本次操作后，回到原始位置，然后停止。

4）松开"复位/停止"按钮，退出复位状态。

2. 控制对象分析

机械手的种类按驱动方式可分为液压式、气动式、电动式和机械式。其中气动式机械手与其他控制方式的机械手相比，具有价格低廉、结构简单、功率体积比高、无污染及抗干扰性强等特点，故本次设计采用气动式机械手完成工件搬运工作，使用伸缩缸、升降缸、夹紧缸分别驱动机械手的水平、垂直移动和放松/夹紧动作。

气缸的动作受电磁阀控制，想让机械手执行某一动作，就需要让电磁阀上相应的电磁线圈得电或者失电。因此，机械手的控制实质上就是对电磁阀上电磁线圈的控制。本系统使用的机械手共三个气缸，对应三个电磁阀，每个电磁阀均为两位五通双电控阀，因此有六个电磁线圈控制信号，分别控制机械手的左移、右移、上移、下移、放松和夹紧动作。

二、工程建立

要求：建立名为"机械手监控系统"的工程。具体实现步骤如下。

1）双击桌面图标，进入 MCGS 组态环境。

2）单击"文件"菜单，弹出下拉菜单，选择"新建工程"选项，如图 3-1 所示。

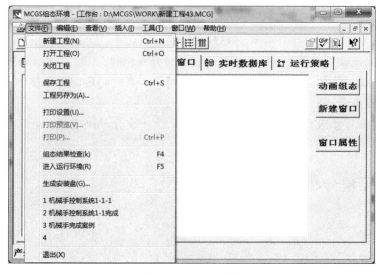

图 3-1　新建工程

3）选择"文件"菜单中的"工程另存为"选项，弹出文件保存窗口，如图 3-2 所示。选择保存路径，在文件名一栏内输入"机械手监控系统"，单击"保存"按钮，工程创建完毕。

图 3-2　文件保存窗口

注意：MCGS 工程名与保存路径不允许包含空格，否则不能正常打开。

任务 3.2　简单工程界面设计

要求：建立用户窗口，窗口名和窗口标题均为"机械手监控系统"，窗口最大化显示并设为启动窗口，窗口内容如图 3-3 所示。具体实现步骤如下。

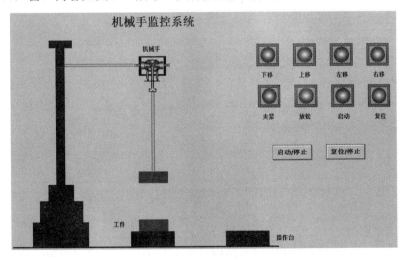

图 3-3　机械手监控界面

一、窗口创建与设置

1．新建窗口

在工作台窗口中，单击"用户窗口"选项卡，进入用户窗口，如图 3-4 所示，在用户窗口中单击"新建窗口"按钮，建立"窗口 0"。

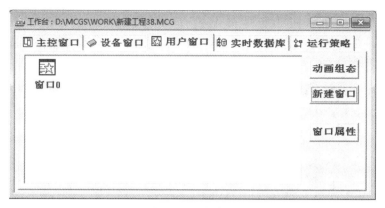

图 3-4 用户窗口

2．设置窗口基本属性

选中"窗口 0"，再单击"窗口属性"按钮，弹出"用户窗口属性设置"对话框，窗口名称与窗口标题内容均填写为"机械手监控"，窗口位置选择为"最大化显示"，其他内容保持默认值不变，如图 3-5 所示，单击"确认"按钮，完成保存并退出设置。

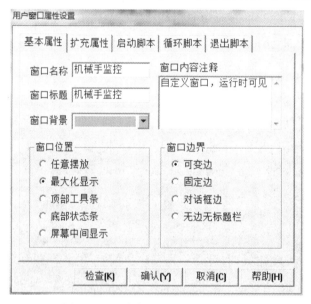

图 3-5 "用户窗口属性设置"对话框

3．设置启动窗口

选中用户窗口中的"机械手监控"图标，单击右键，在弹出的下拉菜单中单击"设置为启动窗口"选项，将该窗口设置为运行时自动加载的窗口。

二、画面编辑

1．进入画面编辑环境

双击图 3-6 中的"机械手监控"图标或单击选中"机械手监控"图标，再单击"动画组态"按钮，进入动画组态界面。

图 3-6　机械手监控用户窗口

2．打开动画构件工具箱

单击工具条中的"工具箱"按钮，打开动画构件工具箱，如图 3-7 所示，利用工具箱上"直线""矩形""标签""插入元件"和"标准按钮"动画构件制作"机械手监控界面"中的地平线、红色矩形、蓝色矩形、文字、机械手、水平杆、垂直杆、指示灯、按钮等图形符号。

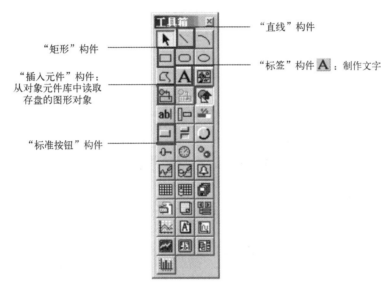

图 3-7　动画构件工具箱

3．制作地平线

1）直线绘制：单击动画构件工具箱中的"直线"构件按钮，鼠标的光标呈"十"字形，在窗口适当位置按住鼠标左键并根据需要拉出一条适当长度的直线。

2）直线属性设置：在所绘制的直线上方双击鼠标左键，弹出"动画组态属性设置"对话框，选择边线颜色为"黑色"；边线类型为"实线"，粗细自行设定，如图 3-8 所示。

3）直线位置调整：鼠标左键按住直线拖动，或者单击选中直线后按键盘上的 ←、→、↑、↓ 键进行微调。

4）直线角度调整：按住〈Shift〉键同时再根据需要调整的角度按下 ←、→、↑、↓ 键。

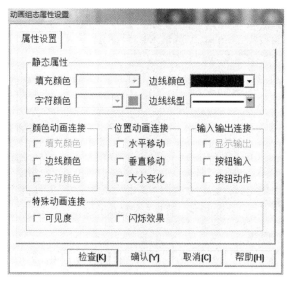

图 3-8　直线"动画组态属性设置"对话框

4．制作矩形

1）矩形绘制：单击动画构件工具箱中的"矩形"构件按钮□，鼠标的光标呈"十"字形，在窗口适当位置按住鼠标左键并根据需要拉出一个一定大小的矩形。

2）矩形属性设置：在所绘制的矩形上方双击鼠标左键，弹出"动画组态属性设置"对话框，将填充颜色与边线颜色均设为"蓝色"，如图 3-9 所示。

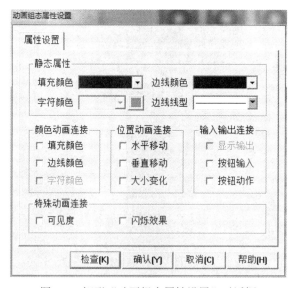

图 3-9　矩形"动画组态属性设置"对话框

3）矩形位置调整：鼠标左键按住矩形拖动，或者单击选中矩形后按键盘上的←、→、↑、↓键进行微调。

4）矩形大小调整：按住〈Shift〉键同时再根据需要调整的角度按下←、→、↑、↓键，或者单击选中矩形，矩形周边出现八个白色小方块，将鼠标移到白色小方块上方，光标呈横向、纵向或者斜向的双箭头形状，按住左键拖拉，即可改变矩形的大小。

5）采用类似的方法依次绘制监控界面中的其他矩形。

5. 插入图形符号

1）单击动画构件工具箱中的"插入元件"构件按钮 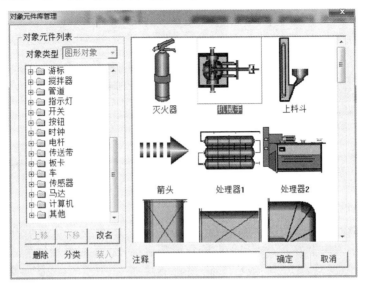，打开对象元件库管理窗口，如图 3-10 所示。在用户窗口插入所需的机械手、指示灯和管道，具体信息见表 3-1。

图 3-10　对象元件库

表 3-1　图形符号

对象类型	图形符号
"其他"类	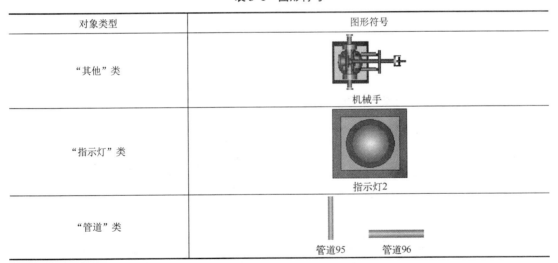机械手
"指示灯"类	指示灯2
"管道"类	管道95　管道96

2）机械手编辑。

① 单击选中窗口中的"机械手"。

② 旋转机械手。

方法 1：在"机械手"图形上方单击鼠标右键，弹出菜单，选择"排列"选项，又弹出另一菜单，再选择其中的"旋转"选项，弹出具体旋转方式选择菜单，如图 3-11 所示，根据实际要求选择"右旋 90 度"。

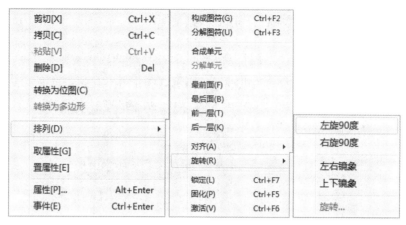

图 3-11　机械手旋转

方法 2：单击选中"机械手"图形，利用动画编辑工具条上的快捷旋转按钮 ，完成旋转。

3）指示灯编辑。

① 指示灯大小调整：单击选中指示灯，指示灯周边出现八个白色小方块，将鼠标移到指示灯对角白色小方块上方，光标呈斜向的双箭头形状，按住左键拖拉至适合的大小。

② 指示灯复制粘贴：利用工具条上的"拷贝" 、"复制" ，或者组合键〈Ctrl+C〉、〈Ctrl+V〉，使窗口界面共出现四个指示灯，如图 3-12a 所示。

③ 指示灯位置调整：鼠标左键按住矩形拖动，或者单击选中直线后按键盘上的←、→、↑、↓键，将重叠的指示灯分散，如图 3-12b 所示。

④ 指示灯选中：按住鼠标左键，拉出一个能覆盖四个指示灯的虚线矩形框，选中四个指示灯。

⑤ 指示灯排列对齐：单击右键，在弹出的菜单中选择"排列"选项，又弹出另一菜单，再选择其中的"对齐"选项，弹出具体对齐方式选择菜单，选择"横向等间距"。重复排列、对齐操作，选择"下对齐"完成一排指示灯的全部编辑工作，如图 3-12c、d 所示。

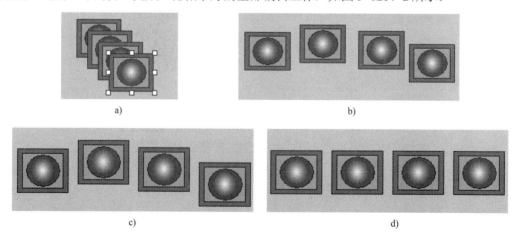

图 3-12　一排指示灯制作过程

a) 复制粘贴指示灯　b) 分散指示灯　c) 指示灯横向等间距排列　d) 指示灯下对齐

⑥ 选中已制作好的一排指示灯，执行复制粘贴操作，并将新一排指示灯放置合适位置，完成界面所需全部指示灯制作。

4）管道编辑。将插入窗口的"管道 95""管道 96"移动至窗口适合位置，并根据需要调整其大小，管道的移动和大小调整方法与直线、矩形等图形符号类似。

6. 制作文字

1）文字绘制：单击动画构件工具箱内的"标签"构件按钮 **A**，鼠标的光标呈"十"字形，在窗口适当位置按住鼠标左键并根据需要拉出一个一定大小的矩形。

2）文字内容编辑：在光标闪烁位置输入文字"机械手监控系统"，按〈Enter〉键、〈ESC〉键或在文本框外窗口任意位置单击鼠标左键，结束文字输入。若输入的文字内容有误需要修改，可用鼠标左键单击需修改的文字，被选中的文字会在其周围出现白色小方块，再单击空格键或〈Enter〉键可再次对文字进行编辑；或者单击鼠标右键，弹出快捷菜单，选择"改字符"选项，同样可使选中的文字进入可编辑状态。

3）文字属性设置：选中文字框，设置静态属性。

方法 1：采用工具条上"填充色""线色""字符颜色"和"字符字体"按钮设置文字所需的属性，如图 3-13 所示。

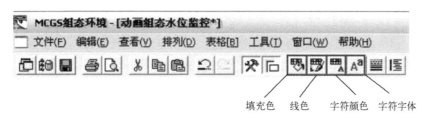

填充色　　线色　　字符颜色　字符字体

图 3-13　字符属性设置相关的工具条按钮

① 单击填充色按钮 ，设定文字框的背景颜色为"无填充色"。

② 单击线色按钮 ，设置文字框的边线颜色为"无边线颜色"。

③ 单击字符颜色按钮 ，将文字颜色设为"黑色"。

④ 单击字符字体按钮 ，设置文字字体为"宋体"；字形为"粗体"；大小为"二号"。

方法 2：双击需设置属性的文字框，弹出"动画组态属性设置"对话框，对话框中的静态属性设置部分同样可以完成填充色、边线颜色与类型、字符颜色和字符字体属性的设置。

4）其他文字制作：重复上述步骤完成界面中"机械手""工件""操作台""上移""下移""左移""右移""夹紧""放松""启动""复位"文字的制作。要求字符颜色为"黑色"；填充颜色为"无填充色"；边线颜色为"无边线颜色"；字体为"宋体"；字形为"粗体"；大小为"五号"。

注意：因为需要制作的其他文字内容虽然不同，但文字静态属性完全相同，所以制作过程中要灵活应用复制、粘贴、文字内容修改等操作方法，完成文字的快速制作。

7. 制作按钮

1）按钮绘制：单击动画构件工具箱内的"标准按钮"构件按钮 ，鼠标的光标呈"十"字形，在窗口适当位置按住鼠标左键并根据需要拉出一个一定大小的按钮。

2）按钮属性设置：在所绘制的按钮上方双击鼠标左键，弹出"标准按钮构件属性设置"对话框，在"基本属性"选项卡中设置按钮标题为"启动/停止"，如图 3-14 所示。

3）重复上述步骤制作"复位/停止"按钮，其基本属性设置页面如图 3-15 所示。

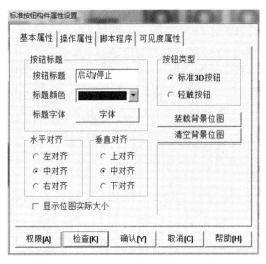

图 3-14 "启动/停止"按钮属性设置

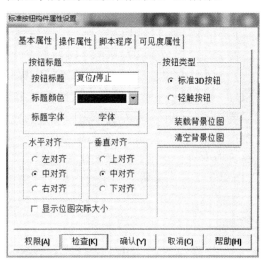

图 3-15 "复位/停止"按钮属性设置

任务 3.3 变量的定义

要求：在系统数据库中定义表 3-2 所示的变量。

表3-2 机械手监控系统变量表

变量名称	类 型	初 值	注 释
启动停止按钮	开关型	0	机械手启停控制信号，输入=1 启动，0 停止
复位停止按钮	开关型	0	机械手复位控制信号，输入=1 复位后停止，0 无效
放松信号	开关型	0	机械手动作控制信号，放松阀，输出，1 有效
夹紧信号	开关型	0	机械手动作控制信号，夹紧阀，输出，1 有效
上移信号	开关型	0	机械手动作控制信号，上移阀，输出，1 有效
下移信号	开关型	0	机械手动作控制信号，下移阀，输出，1 有效
左移信号	开关型	0	机械手动作控制信号，左移阀，输出，1 有效
右移信号	开关型	0	机械手动作控制信号，右移阀，输出，1 有效

变量定义具体实现步骤如下。

1）单击工作台图标，打开工作台窗口。单击工作台中的"实时数据库"选项卡，进入实时数据库窗口。

2）单击"新增对象"按钮，在窗口的数据对象列表中，增加新的数据对象"InputETime1"，如图 3-16 所示。

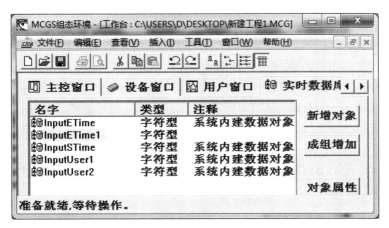

图 3-16　实时数据库窗口

3）选中数据对象"InputETime1"，单击"对象属性"按钮，或双击该数据对象，弹出"数据对象属性设置"对话框。以定义数据对象"启动停止按钮"为例，如图 3-17 所示，将对象名称改为"启动停止按钮"；对象类型选择"开关型"；在对象内容注释输入框内输入"机械手启停控制信号，输入=1 启动，0 停止"。单击"数据对象属性设置"对话框的"确认"按钮完成数据定义并保存退出。

4）重复步骤 2）～3），完成表 3-2 中其他七个数据对象的定义。

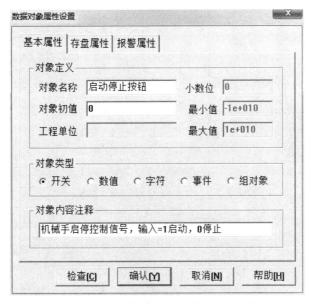

图 3-17　"数据对象属性设置"对话框

注意：对象内容注释可不填写，不影响数据正常使用。

任务 3.4　动画连接

静态界面设计完成之后，需要将画面中的按钮、指示灯图形与数据库中定义的数据对象相关联，即完成动画连接使得系统运行时，画面上图形符号的内容会随着数据对象值的变化而发生改变。例如，按下界面上的"启动/停止"按钮，系统处于启动状态时，界面上的"启动"指示灯亮。本系统动画连接具体要求如下。

（1）按钮的动画

1）单击"启动/停止"按钮，实现"启动停止按钮"变量的值在状态 0 和状态 1 之间切换。

2）单击"复位/停止"按钮，实现"复位停止按钮"变量的值在状态 0 和状态 1 之间切换。

（2）指示灯的动画连接

分别用指示灯指示下移阀、上移阀、左移阀、右移阀、放松阀、夹紧阀、启动/停止按钮、复位/停止按钮状态。

一、按钮动画效果制作

具体实现步骤如下。

1）双击机械手监控界面的"启动/停止"按钮，弹出"标准按钮构件属性设置"对话框。

2）鼠标单击"操作属性"选项卡，"按钮对应的功能"栏中勾选"数据对象值操作"，操作类型为"取反"，并单击浏览按钮 ？，弹出数据对象列表，双击数据列表中的数据对象"启动停止按钮"，如图 3-18 所示。

3）单击"标准按钮构件属性设置"对话框的"确认"按钮，保存退出。

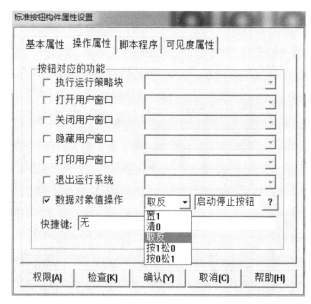

图 3-18　按钮动画连接

4）仿照步骤 1）～3），完成"复位/停止"按钮与数据对象"复位停止按钮"的动画连接。

二、指示灯动画效果制作

机械手监控界面上的"上移""下移""左移"等八个指示灯，均采用对象元件库指示灯类中的"指示灯 2"图形符号进行制作。分解"指示灯 2"图形符号可知,"指示灯 2"包含一个红色圆形符号与一个绿色圆形符号,且重叠在一起,如图 3-19 所示。因此可以通过设置这两个图形符号的可见度,使灯显示红色时代表所关联的数据对象状态为"0",灯绿色时代表关联的数据对象状态为"1"。具体设置步骤如下。

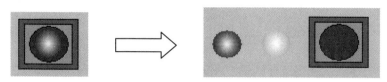

图 3-19　指示灯 2 分解图

1) 鼠标双击"下移"指示灯,弹出"单元属性设置"对话框,单击"动画连接"选项卡,如图 3-20 所示,出现两个名字为"组合图符"的图元,上方组合图符对应绿色圆球图形符号,下方组合图符对应红色圆球图形符号。

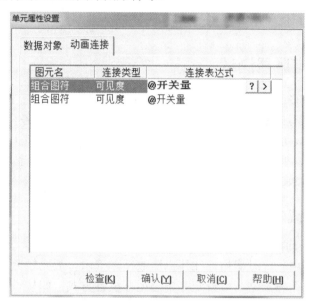

图 3-20　指示灯 2"单元属性设置"对话框

2) 单击"动画连接"选项卡的上方"组合图符",再单击连接表达式部分出现的按钮 ⟩,弹出"动画组态属性设置"对话框。

3) 进入"动画组态属性设置"对话框中的"可见度"选项卡进行设置。表达式设为"下移信号",当表达式"下移信号"非零时对应图形符号可见,如图 3-21 所示,即机械手处于下移状态时,绿色圆球可见。

4) 采用同样方法对下方"组合图符"的"可见度"选项卡进行设置。表达式设为"下移信号",当表达式"下移信号"非零时对应图形符号不可见,如图 3-22 所示,即机械手处于下移状态时,红色圆球图形符号不可见。

5) 单击"动画组态属性设置"对话框的"确认"按钮,保存设置并退出。

6) 重复步骤 1) ～5) 多次,完成其余七个指示灯与数据库中"下移信号""左移信号""右移信号""放松信号""夹紧信号""启动停止按钮""复位停止按钮"数据对象的动画连接。

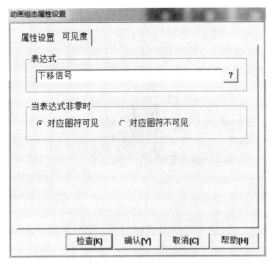

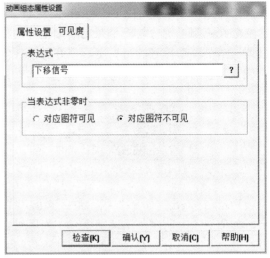

图 3-21　上方组合图符"可见度"设置　　　　图 3-22　下方组合图符"可见度"设置

任务 3.5　10 s 定时器测试

二维码 3-1
定时器测试

定时器构件是 MCGS 为用户提供的一种非常重要的策略构件，主要用于定时，是用户编写控制程序时经常用到的一种构件。本次任务将以 10 s 定时器设计为例，完成定时器策略构件的加载、设置以及测试工作。通过本次任务的完成，使读者全面掌握定时器构件的使用方法，为后续实现机械手的控制打下基础。具体实现步骤介绍如下。

一、定时器构件加载

1．循环策略执行时间设置

在实际应用过程中，定时器构件往往需要被循环调用，故比较适合采用循环策略来调用定时器策略构件。循环策略一般设定为定时循环执行方式，即按设定的时间间隔循环执行。循环时间间隔设置有两种方法。

方法 1：

1）单击工作台窗口的"运行策略"选项卡，进入运行策略窗口，如图 3-23 所示。

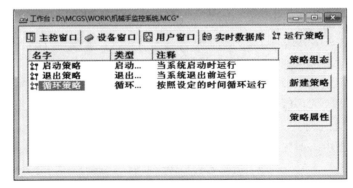

图 3-23　运行策略窗口

2）选中"循环策略"，单击"策略属性"按钮，弹出"策略属性设置"对话框，对话框中策略执行方式默认设置为定时循环执行。

3）将循环时间修改为 200，单位默认为 ms，如图 3-24 所示，单击"确认"按钮，保存设置并返回运行策略窗口。

方法 2：

1）在工作台窗口的"运行策略"选项卡中，双击"循环策略"图标进入策略组态窗口，如图 3-25 所示。

图 3-24　"策略属性设置"对话框　　　　　　图 3-25　策略组态窗口

2）双击策略组态窗口中"按照设定的时间循环运行"图标，弹出"策略属性设置"对话框，修改循环时间为 200，如图 3-24 所示。

3）单击"确认"按钮，保存设置并返回策略组态窗口。

2．新增策略行

在策略组态窗口中，单击工具条中的"新增策略行"按钮，新增一策略行，如图 3-26 所示。

3．加载策略构件

1）单击工具条中的"工具箱"按钮，打开策略工具箱，如图 3-27 所示。

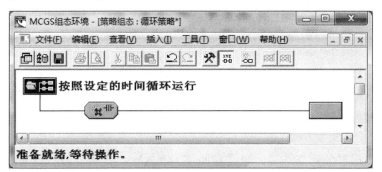

图 3-26　新增策略行

图 3-27　策略工具箱

2）单击策略工具箱中的"定时器"，将手状鼠标指针移到策略块图标"▨▨▨"上方，单击鼠标左键，将定时器构件添加至策略块，如图 3-28 所示。

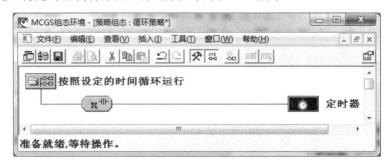

图 3-28　定时器策略构件加载

二、定时器构件属性设置

通过合理设置定时器构件属性，可使定时器具备四大功能。

1）启停功能：能在需要的时候被启动，在需要的时候被停止。

2）计时功能：启动后进行计时。

3）计时时间设定功能：可以根据需要设定计时时间。

4）复位功能：需要的时候重新开始计时。

定时器构件属性设置页面如图 3-29 所示，需要完成的设置内容介绍如下。

图 3-29　定时器构件属性设置页面

设定值：用于设定计时时间长度，可以与数值型数据对象建立连接或填一具体数值，例如 10，代表设定的计时时间长度为 10 s。

当前值：和数值型的数据对象建立连接，每次运行到本构件时，把定时器的当前值赋给对应的数据对象。

计时条件：和开关型的数据对象建立连接，当变量的值为非零时，定时器进行计时，为 0 时停止计时。

复位条件：和开关型的数据对象建立连接，当表达式的值为非零时，对定时器进行复位，使其从 0 开始重新计时；当表达式的值为零时，定时器一直累计计时，到达最大值 65535 后，定时器的当前值一直保持该数，直到复位条件。

计时状态：和开关型数据对象建立连接，定时器的计时状态赋给数据对象。当前值小于设定值时，计时状态为 0；当前值大于或等于设定值时，计时状态为 1。

内容注释：该栏内输入对设定的时间条件进行注释说明的文字。

由定时器构件属性页面内容介绍可知，完成 10 s 定时器构件属性设置，首先需要在数据库中新增四个新的数据对象分别用于控制定时器的计时与复位、存储计时器当前值以及当前的计时状态，再让定时器构件与新增的数据对象相关联。详细步骤介绍如下。

1．定义与定时器相关的数据对象

单击工作台图标 ，打开工作台窗口。单击工作台中的"实时数据库"选项卡，进入实时数据库窗口。单击"新增对象"按钮，在窗口的数据对象列表中增加四个新的数据对象，双击新增的数据对象，根据表 3-3 所示内容设置对象属性。

表 3-3　定时器相关数据对象

变量名称	类　型	注　释
定时器启停	开关型	控制定时器的启停，1 启动，0 停止
计时时间	数值型	代表定时器计时时间
时间到	开关型	定时器定时时间到为 1，否则为 0
定时器复位	开关型	控制定时器复位，1 复位

2．定时器构件属性设置

鼠标双击定时器图标 ，弹出"定时器"属性设置对话框，单击浏览按钮 ，弹出数据对象列表，双击数据列表中的数据对象，即可使定时器构件与数据对象发生关联。根据上述分析，可将设定值设置为"10"；当前值设为"计时时间"；计时条件设为"定时器启停"；复位条件设为"定时器复位"；计时状态设为"时间到"，如图 3-30 所示。

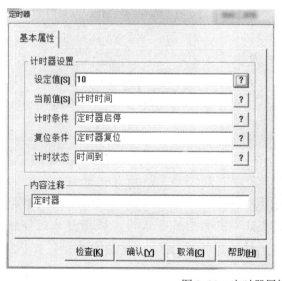

图 3-30　定时器属性设置

95

三、制作测试界面

为了验证定时器属性设置是否正确与理解定时器工作过程，制作图 3-31 所示的测试界面。测试界面上包含六个标签构件与两个标准按钮，动画连接要求如下。

1）"定时器启停"按钮控制定时器启停，1 启动，0 停止。

2）"定时器复位"按钮控制定时器复位，1 复位。

3）带******的四个标签分别显示"时间到""计时时间""定时器启动"和"定时器复位"四个变量的值。

测试界面制作步骤如下。

1．打开动画构件工具箱

单击工具条中的"工具箱"按钮，打开动画构件工具箱，利用工具箱上"标签"和"标准按钮"动画构件制作测试界面文字、按钮等图形符号。

2．制作文字

1）文字绘制：单击动画构件工具箱内的"标签"构件按钮**A**，鼠标的光标呈"十"字形，在窗口适当位置按住鼠标左键并根据需要拉出一个一定大小的矩形。

2）文字内容编辑：在光标闪烁位置输入文字"时间到"，按〈Enter〉键、〈ESC〉键或在文本框外窗口任意位置单击鼠标左键，结束文字输入。

3）文字属性设置：双击所绘制的文字框，弹出"动画组态属性设置"对话框，完成文字属性设置。字符颜色设为"黑色"；填充颜色设为"无填充色"；边线颜色设为"无边线颜色"；字体设为"宋体"；字形设为"粗体"；大小设为"小四号"。

4）文字复制粘贴：利用工具条上的"拷贝"、"复制"，或者组合键〈Ctrl+C〉、〈Ctrl+V〉，使窗口界面共出现六个标签，如图 3-32 所示。

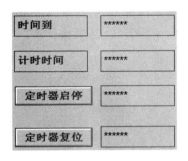

图 3-31　定时器测试界面

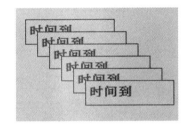

图 3-32　复制粘贴标签

5）文字位置调整：鼠标左键按住矩形拖动，或者单击选中直线后按键盘上的←、→、↑、↓键，将重叠的文字分散，如图 3-33 所示。

6）文字排列对齐：选中需要排列对齐的标签，单击右键，在弹出的菜单中选择"排列"选项，又弹出另一菜单，再选择其中的"对齐"选项，弹出具体对齐方式选择菜单，灵活选择"纵向等间距""下对齐"等选项完成所需的效果，如图 3-34 所示。

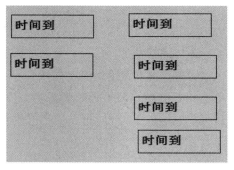

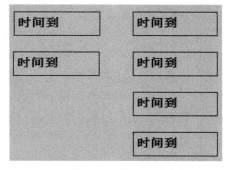

图 3-33　分散标签　　　　　　　　　　　　　图 3-34　标签排列对齐

7）文字内容修改：鼠标单击需修改的文字，再单击空格键或〈Enter〉键再次对文字进行编辑，根据图 3-31 所示的定时器测试界面，标签内容分别修改为"时间到""计时时间""定时器启停""定时器复位""******"。

8）文字"显示输出"属性设置：双击显示"时间到"数值的标签，弹出"动画组态属性设置"对话框，如图 3-35 所示。输入输出连接栏中勾选"显示输出"，单击新出现的"显示输出"选项卡，将"显示输出"选项卡中的表达式设为"时间到"，输出类型设为"数值量输出"，如图 3-36 所示，单击"确认"按钮，保存设置并退出。

9）重复步骤 8），完成显示"计时时间""定时器启停""定时器复位"标签的属性设置。

注意：开关型变量的输出值类型也可以选择"数值量输出"，显示输出值的内容为 0 或 1。倘若选择"开关量输出"，务必要填写"开始信息"和"关时信息"，否则系统运行时将不显示任何内容。

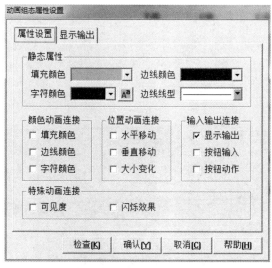

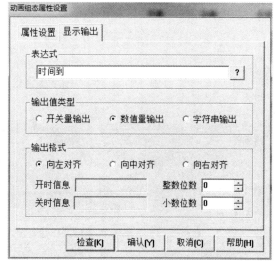

图 3-35　"动画组态属性设置"对话框　　　　　图 3-36　"显示输出"选项卡

3．制作按钮

1）按钮绘制：单击动画构件工具箱内的"标准按钮"构件按钮 ⬒，鼠标的光标呈

"十"字形，在窗口适当位置按住鼠标左键并根据需要拉出一个一定大小的按钮。

2）按钮属性设置。

① 基本属性：在所绘制的按钮上方双击鼠标左键，弹出"标准按钮构件属性设置"对话框，在"基本属性"选项卡中设置按钮标题为"定时器启停"，如图 3-37 所示。

② 操作属性：单击"操作属性"选项卡，将按钮对应的功能设为"数据对象值"，操作类型为"取反"，关联的数据对象为"定时器启停"，如图 3-38 所示，单击"确认"按钮，保存设置并退出。

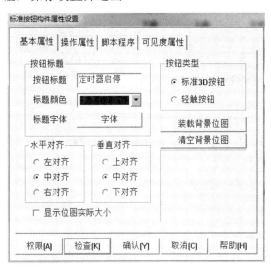 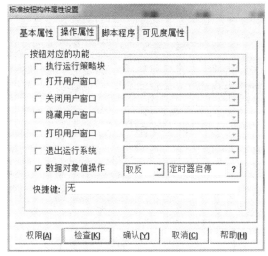

图 3-37 "基本属性"选项卡　　图 3-38 "操作属性"选项卡

3）仿照步骤 1）与 2），完成"定时器复位"按钮制作。

四、运行观察

按〈F5〉快捷键进入运行环境，操作"定时器启停"和"定时器复位"按钮，观察窗口定时器测试页面的变化情况，部分运行状态如图 3-39 所示，并思考什么时候变量"时间到"=1、定时器暂停工作条件、定时器复位条件、定时器复位时变量"计时时间"的值等问题。

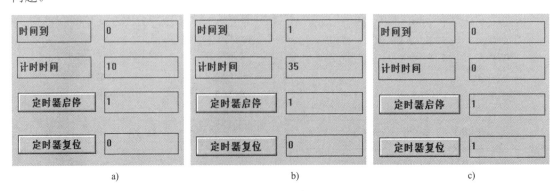

图 3-39 定时器运行状况

a) 定时器启动　b) 计时时间到　c) 定时器复位

任务 3.6　机械手定时器控制

二维码 3-2
机械手定时器控制

一、机械手定时器分析

1．定时器的定时总时长

根据机械手监控要求"按下'启动/停止'按钮后，机械手下移 5 s，夹紧 2 s，上移 5 s，右移 10 s，下移 5 s，放松 2 s，上移 5 s，左移 10 s，最后回到原始位置，自动循环。"可知定时器总时长为下移、夹紧、上移等各个工作环节时间总和，即 44 s。

2．定时器控制思路分析

根据机械手监控要求分析定时器的控制思路，即分析定时器如何开始工作以及定时器如何暂停工作的编程思路，详见表 3-4。

表 3-4　定时器控制编程思路

工作状态	编程思路	
开始工作的条件	按下"启动/停止"按钮 松开"复位/停止"按钮	如果启动停止按钮=1 并且复位停止按钮=0，则启动定时器工作
停止工作的条件	1）松开启动按钮，机械手停在当前位置 2）按下复位按钮后，机械手在完成本次操作后，回到原始位置，然后停止	1）如果启动停止按钮=0，立即停止定时器工作 2）当复位停止按钮=1 时，只有当计时时间>=44 s，即回到初始位置，才停止定时器工作

二、机械手定时器控制程序设计

1）在工作台窗口"运行策略"选项卡中，双击"循环策略"图标进入策略组态窗口，如图 3-40 所示，定时器策略构件已加载，且循环策略执行的循环时间也已经设为 200 ms。

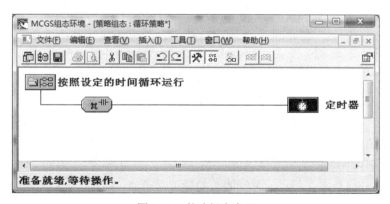

图 3-40　策略组态窗口

2）在策略组态窗口中，单击工具条中的"新增策略行"按钮，新增一策略行，单击工具条中的"工具箱"图标，打开策略工具箱，单击策略工具箱中的"脚本程序"，将手状鼠标指针移到策略块图标"　　　"上方，单击鼠标左键，添加脚本程序构件，加载完后的策略组态窗口如图 3-41 所示。

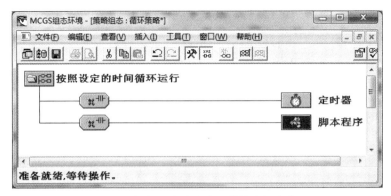

图 3-41 加载"脚本程序"的策略组态窗口

3）程序编辑。双击图标 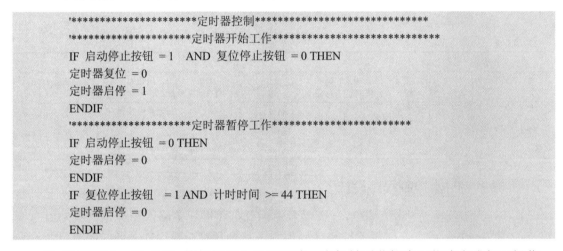，进入脚本程序编辑环境，输入下面的程序：

```
'********************定时器控制********************************
'********************定时器开始工作***********************
IF  启动停止按钮 = 1   AND  复位停止按钮 = 0 THEN
定时器复位 = 0
定时器启停 = 1
ENDIF
'********************定时器暂停工作*********************
IF  启动停止按钮 = 0 THEN
定时器启停 = 0
ENDIF
IF  复位停止按钮   = 1 AND  计时时间 >= 44 THEN
定时器启停 = 0
ENDIF
```

4）程序调试。按〈F5〉快捷键进入运行环境，在机械手监控窗口依次完成如下操作，并观察运行结果，验证定时器控制程序正确性。

① 单击"启动/停止"按钮，观察定时器测试界面中的"计时时间"的值是否正常递增。

② 再次单击"启动/停止"按钮，观察定时器测试界面中的"计时时间"的值是否保持不变。

③ 单击"复位/停止"按钮，观察"计时时间"值大于 44 s 时，定时器测试界面中的"计时时间"的值是否变为"0"且保持不变。

④ 当"计时时间"的值大于 44 s 后，再次单击"复位/停止"按钮，观察定时器是否又能重新恢复正常计时状态，即"计时时间"的值正常递增。

任务 3.7 电磁阀控制

一、电磁阀控制思路分析

本系统所使用的机械手为气动式，由伸缩缸、升降缸、夹紧缸分别驱动机械手的水平、垂直移动和放松/夹紧动作。气缸的动作受电磁阀控制，三个气缸对应三个电磁阀。若电磁阀均为两位五通双电控阀，对机械手的控制实质上就是对电磁阀上电磁线圈的控制。故在数据库建立时，已定义六个电磁线圈控制信号："上移信号""下移信号""左移信号""右移信号""放松信号""夹紧信号"，且信号值为"1"时控制信号有效。结合控制要求分析电磁阀的控制思路，具体见表3-5。

表3-5 电磁阀控制编程思路

机械手工作工程		编程思路
定时器工作	下移5 s	计时时间0～5 s：下移信号=1
	夹紧2 s	计时时间5～7 s：夹紧信号=1，下移信号=0
	上移5 s	计时时间7～12 s：上移信号=1，夹紧信号=0
	右移10 s	计时时间12～22 s：右移信号=1，上移信号=0
	下移5 s	计时时间22～27 s：下移信号=1，右移信号=0
	放松2 s	计时时间27～29 s：放松信号=1，下移信号=0
	上移5 s	计时时间29～34 s：上移信号=1，放松信号=0
	左移10 s	计时时间34～44 s：左移信号=1，上移信号=0
	循环工作	计时时间达到或超过44 s：左移信号=0，定时器复位
定时器暂停工作	暂停移动动作	左移信号=0，右移信号=0 上移信号=0，下移信号=0

二、电磁阀定时器控制程序设计

1）在工作台窗口"运行策略"选项卡中，双击"循环策略"进入策略组态窗口，双击图标▨，进入脚本程序编辑环境，在定时器控制程序段之后，输入下面的程序：

```
'*********************电磁阀控制*********************
'****************运行控制（定时器工作）****************
IF 定时器启停 = 1 THEN
'*******下移5s*******
IF 计时时间 < 5 THEN
下移信号 = 1
EXIT
ENDIF
'*******夹紧2s*******
IF 计时时间 < 7 THEN
夹紧信号 = 1
下移信号 = 0
EXIT
ENDIF
'*******上移5s*******
IF 计时时间 < 12 THEN
上移信号 = 1
夹紧信号 = 0
```

```
        EXIT
        ENDIF
'*******右移 10s*******
    IF 计时时间 ＜22 THEN
    右移信号 =1
    上移信号 =0
    EXIT
    ENDIF
'*******下移 5s*******
    IF 计时时间 ＜27 THEN
    下移信号 =1
    右移信号 =0
    EXIT
    ENDIF
'*******放松 2s*******
    IF 计时时间 ＜29 THEN
    放松信号 =1
    下移信号 =0
    EXIT
    ENDIF
'*******上移 5s*******
    IF 计时时间 ＜34 THEN
    上移信号 =1
    放松信号 =0
    EXIT
    ENDIF
'*******左移 10s*******
    IF 计时时间 ＜44 THEN
    左移信号 =1
    上移信号 =0
    EXIT
    ENDIF
'**开始新的一轮循环工作**
    IF 计时时间 ＞=44 THEN
    左移信号 =0
    定时器复位 =1
    EXIT
    ENDIF
    ENDIF
'*************停止控制（定时器暂停工作）*****************
    IF 定时器启停=0 THEN
    下移信号=0
    上移信号=0
    左移信号=0
    右移信号=0
    ENDIF
```

102

2）程序调试。按〈F5〉快捷键进入运行环境，在机械手监控窗口依次完成如下操作，并观察运行结果，验证电磁阀控制程序正确性。

① 单击"启动/停止"按钮，使启动停止按钮=1，观察机械手监控界面中的电磁阀控制信号指示灯是否按要求依次循环点亮。

② 5~7 s 与 27~29 s 时间段外，单击"启动/停止"按钮，使启动停止按钮=0，观察机械手监控界面中与电磁阀信号相关的指示灯是否熄灭，且"计时时间"的值保持不变。

③ 单击"启动/停止"按钮与"复位/停止"按钮，使启动停止按钮=1，复位停止按钮=1，观察"计时时间"的值大于 44 s 时，机械手监控界面中全部指示灯是否熄灭，且"计时时间"的值保持不变。

④ 当"计时时间"的值大于 44 s 后，再次单击"复位/停止"按钮，使复位停止按钮=0，观察电磁阀信号指示灯是否又能正常依次点亮。

任务 3.8　位置动画连接

位置动画连接包括图形对象的水平移动、垂直移动和大小变化三种属性，如图 3-42 所示。用户可以根据实际需求定义一种或多种动画连接，图形对象的最终动画效果是多种动画属性的合成效果。

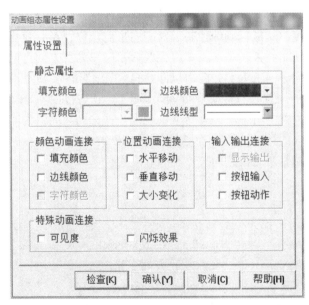

图 3-42　位置动画连接

一、平行移动

平行移动包括水平和垂直移动两种，它们的位置动画连接方法相同，首先要确定对应连接对象的表达式，然后再定义表达式的值所对应的位置偏移量。以水平移动为例，若某一图形的水平移动位置动画连接如图 3-43 所示。表达式与数据对象 Data0 相连；水平移动连接设置为：表达式 Data0 的值为 0 时，最小移动偏移量为 0；表达式 Data0 的值为 25 时，最大移动偏移量为100。

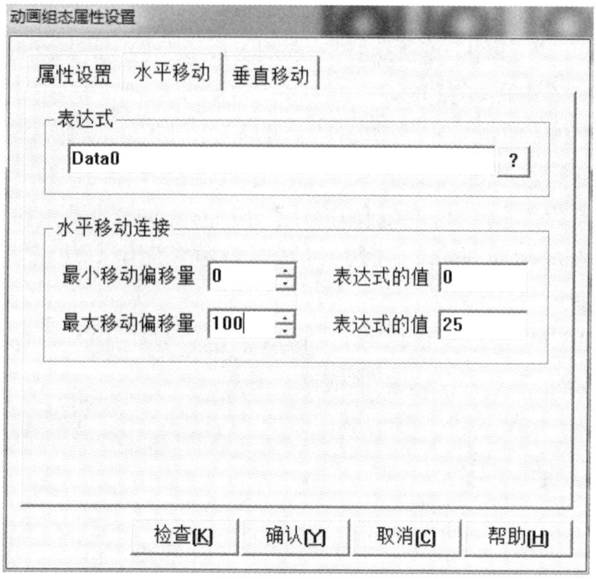

图 3-43　水平移动位置动画连接

图形对象的位置将随数据对象值 Data0 的变化而变化。用户只要控制数据对象 Data0 值的大小和值的变化速度，就能精确地控制所对应图形对象位置及其变化速度。偏移量是以组态时图形对象所在的初始位置为基准，单位为像素，向左为负方向，向右为正方向。对垂直移动而言向下为正方向，向上为负方向。以图 3-43 中的组态设置为例，当表达式 Data0 的值为 0 时，图形对象的位置向右移动 0 像素，即不动；当表达式 Data0 的值为 25 时，图形对象的位置相对初始位置向右移动 100 像素；当表达式 Data0 的值为其他值时，利用线性插值公式即可计算出相应的移动位置。若把图中的 100 改为-100 时，则表示 Data0 值为 25 时，图形对象的位置相对初始位置向左移动 100 像素。

二、大小变化

在 MCGS 中，图形对象大小变化方式有如下七种：

↔：以中心点为基准，沿 X 方向和 Y 方向同时变化。

✛：以中心点为基准，只沿 X（左右）方向变化。

↕：以中心点为基准，只沿 Y（上下）方向变化。

→：以左边界为基准，沿着从左到右的方向发生变化。

←：以右边界为基准，沿着从右到左的方向发生变化。

↓：以上边界为基准，沿着从上到下的方向发生变化。

↑：以下边界为基准，沿着从下到上的方向发生变化。

大小变化动画连接，首先要确定对应连接对象的表达式，然后再定义表达式的值所对应的变化百分比、变化方向以及变化方式。图形对象的大小变化百分比是以组态时图形对象的初始大小作为基准，100%即为图形对象的初始大小。改变图形对象大小的方法有两种，一是按比例整体缩小或放大，称为缩放方式；二是按比例整体剪切，显示图形对象的一部分，称为剪切方式。两种方式都以图形对象的实际大小为基准。

以图 3-44 所示的大小变化位置动画连接为例，当表达式 Data0 的值小于或等于 0 时，最小变化百分比设为 0，即图形对象的大小为初始大小的 0%，此时，图形对象实际上是不可见的；当表达式 Data0 的值大于或等于 100 时，最大变化百分比设为 100%，则图形对象的大小与初始大小相同；当 Data0 的值为 0～25 之间其他值时，图形对象的大小在最小变化百分比与最大变化百分比之间变化，具体比例可利用线性插值公式计算得出。

在缩放方式下，是对图形对象的整体按比例缩小或放大来实现大小变化的。当图形对象的变化百分比大于 100% 时，图形对象的实际大小是初始状态放大的结果；当小于 100% 时，是初始状态缩小的结果。

在剪切方式下，如图 3-45 所示，不改变图形对象的实际大小，只按设定的比例对图形对象进行剪切处理，显示整体的一部分。若变化百分比等于或大于 100%，则把图形对象全部显示出来。

注意：同时定义水平移动和垂直移动两种动画连接，可以使图形对象沿着一条特定的曲线轨迹运动，假如再定义大小变化的动画连接，就可以使图形对象在做曲线运动的过程中同时改变其大小。

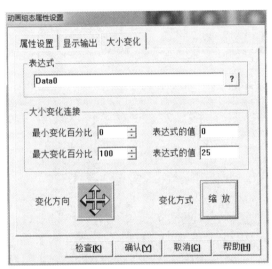

图 3-44　变化方式为"缩放"

图 3-45　变化方式为"剪切"

三、应用实例

例 3-1：垂直杆的水平移动，水平杆的垂直移动，参考界面如图 3-46 所示。

（1）启停按钮控制水平杆和垂直杆的移动以及停止移动。

（2）复位按钮让水平杆和垂直杆回到初始位置。

（3）水平杆做垂直方向直线运动，垂直杆做水平方向直线运动。

（4）移动范围为 0～100 个像素，移动速率为 10 像素/s。

二维码 3-3
位置动画连接

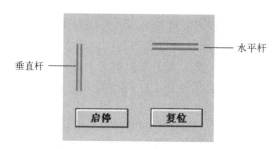

图 3-46　水平、垂直移动测试参考界面

设计步骤如下。

1）参考图 3-46，制作如图 3-47 所示的平行移动测试界面。

① 新建工程，新建窗口，并将其设为启动窗口。

② 进入窗口，单击窗口工具条中的"工具箱"按钮 ，打开动画构件工具箱，插入"管道 95""管道 96"图形符号，绘制按钮、制作文字与"启停""复位"按钮值的显示框。

③ 利用动画构件工具箱上的"直线"构件按钮 ，标出水平杆和垂直杆的起始位置和目标位置，单击"查看"菜单中"状态条"，使窗口右下脚显示窗口中当前被选中对象的位置以及大小。例如，图 3-47 所示窗口中被选中的对象为"直线"，大小为 100×0，单位为像素，即水平杆起始位置与目标位置之间，水平方向上的距离为 100 像素。

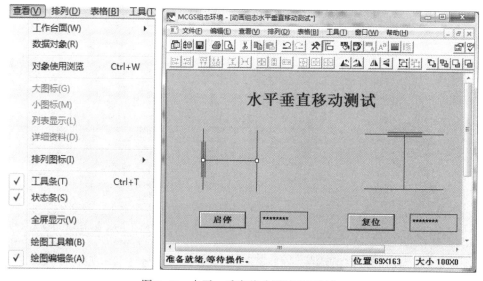

图 3-47　水平、垂直移动测试界面制作

2）数据对象定义。在数据库中增加三个新的变量，具体名称、类型及作用见表 3-6。

表 3-6　水平、垂直移动数据对象

变量名称	类型	注释
启停	开关型	控制杆的移动和停止移动，1 启动，0 停止
复位	开关型	控制杆回到初始位置，1 复位
水平、垂直移动量	数值型	控制杆的移动量

3) 动画连接。

① 启停、复位按钮。

a. 双击"水平垂直移动"界面的"启动"按钮，弹出"标准按钮构件属性设置"对话框，完成属性设置，具体如图 3-48 所示。

b. 双击"水平垂直移动"界面的"复位"按钮，弹出"标准按钮构件属性设置"对话框，完成属性设置，具体如图 3-49 所示。

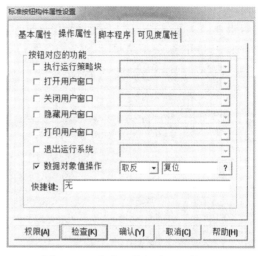

图 3-48 "启停"按钮动画属性设置　　　　图 3-49 "复位"按钮动画属性设置

② 垂直杆、水平杆动画连接。

a. 双击"垂直杆"，弹出"动画组态属性设置"对话框，在"属性设置"选项卡中仅勾选"水平移动"，如图 3-50 所示，使垂直杆做水平方向移动。

b. 单击"水平移动"选项卡，"水平移动"属性设置如图 3-51 所示，表达式与数据对象"水平、垂直移动量"相连。当表达式"水平移动变量"的值为 0 时，最小移动偏移量为 0；当表达式"水平移动变量"的值为 50 时，最大移动偏移量为 100。

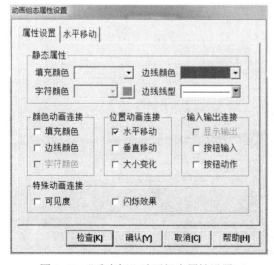

图 3-50 "垂直杆"动画组态属性设置

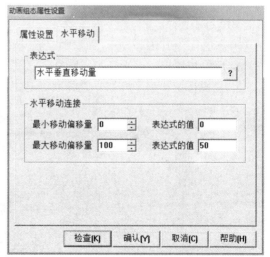

图 3-51 "水平移动"属性设置

c. 单击"确认"按钮，保存所设置的属性并退出，返回窗口界面。

特别要注意"水平移动"属性设置中填写的这组值，确定的是图形（水平杆）在水平方向的移动速率，可填写的数值不唯一。简便起见，通常会选择起始时刻点和目标时刻点进行计算。因为水平杆的移动范围为 100 像素，移动速率为 10 像素/s，可以在属性页面设置起始时刻（时间为 0，表达式值为 0）时，水平杆相对初始位置偏移量为 0，目标时刻点（时间为 10 秒，表达式值为 50）时，相对初始位置为 100 像素。接下来的问题就转换为，如何编写程序使表达式"水平垂直移动量"的值随时间发生变化，并且当时间为 0 时，表达式值为 0，时间为 10 s 时，表达式值为 50。

d. 模仿步骤 a～c 完成"水平杆"属性设置，属性设置页面如图 3-52 和图 3-53 所示。

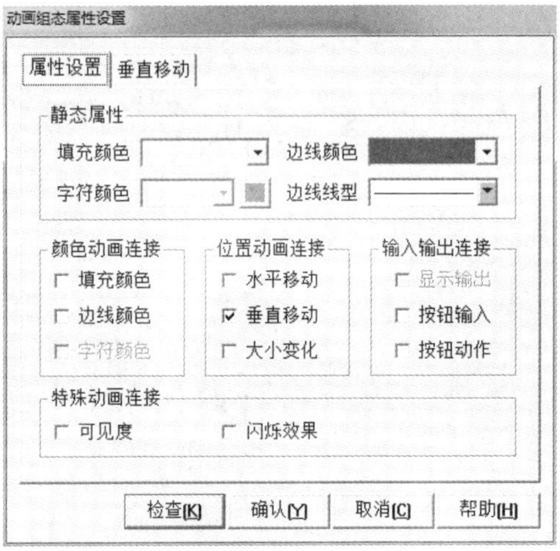

图 3-52 "水平杆"动画组态属性设置

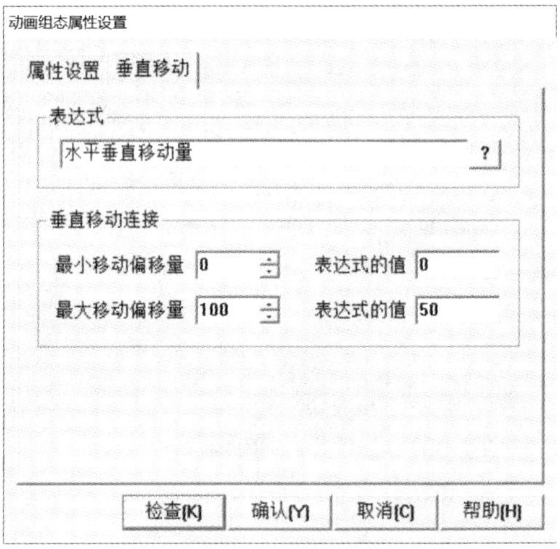

图 3-53 "垂直移动"属性设置

4）脚本程序设计。

① 在工作台窗口"运行策略"选项卡中，双击"循环策略"进入策略组态窗口。

② 双击图标 ![icon]，设置循环策略执行方式为定时循环执行，且循环时间为 200 ms。

③ 在策略组态窗口，执行"新增策略行"操作，并将"脚本程序"策略构件加载至新增的策略行上。

④ 双击图标 ![icon]，进入脚本程序编辑环境，输入如下程序。

a. 启停按钮控制水平杆和垂直杆的移动以及停止移动。

b. 复位按钮让水平杆和垂直杆回到初始位置。

```
'**************水平杆和垂直杆的移动状态控制**************
IF 启停 = 1  AND 复位 = 0    THEN
水平垂直移动量 = 水平垂直移动量+1
ENDIF
IF 复位 = 1  THEN
水平垂直移动量 = 水平垂直移动量 − 1
ENDIF
'**************水平杆和垂直杆的移动范围控制**************
IF 水平垂直移动量 > 50 THEN 水平垂直移动量 = 50
IF 水平垂直移动量 < 0 THEN 水平垂直移动量 = 0
```

5）程序调试。按〈F5〉快捷键进入运行环境，在水平、垂直移动测试界面依次完成如下操作，观察水平杆与垂直杆的动画状态。

① 单击"启停"按钮，使数据对象启停=1，观察水平杆是否向右运动，垂直杆是否向下运动，移动范围是否在0～100像素之间。

② 再次单击"启停"按钮，使数据对象启停=0，再单击"复位"按钮，使数据对象复位=1，观察水平杆是否向左运动，垂直杆是否向上运动，移动范围是否在0～100像素之间。

例3-2： 垂直杆垂直向下缩放，水平杆水平向右缩放，参考界面如图3-54所示。

（1）启停按钮控制水平杆和垂直杆的伸长和停止伸长。

（2）复位按钮让水平杆和垂直杆恢复初始状态。

（3）垂直杆缩放范围为0～3倍杆长，水平杆的缩放范围为1～3倍杆长，15 s完成一次放大或缩小。

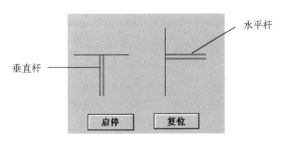

图3-54　缩放测试参考界面

设计步骤如下：

1）参考图3-54，制作如图3-55所示的缩放测试界面。

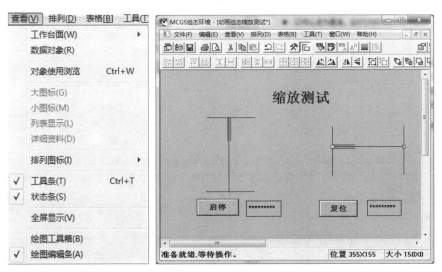

图3-55　缩放测试界面制作

① 新建工程，新建窗口，并将其设为启动窗口。

② 进入窗口，单击"查看"菜单中"状态条"，使窗口右下脚显示窗口中当前被选中对象的位置以及大小。单击窗口工具条中的"工具箱"按钮，打开动画构件工具箱，插入"管道95""管道96"图形符号，绘制按钮、制作文字与"启停""复位"按钮值的显示

框。为了后续计算简便，垂直管道图形大小为 10×50，水平管道图形大小为 50×10，即长度为 50 像素。

③ 利用动画构件工具箱上的"直线"构件按钮 ↘，标出水平杆和垂直杆的起始位置、目标位置以及两者之间的间距。因为管道长为 50 像素，三倍长为 150 像素，单击测量两者间距的直线，右下角显示的大小为 150×0。

2）数据对象定义。在数据库中增加三个新的变量，具体名称、类型及作用见表 3-7。

表 3-7　缩放数据对象

变量名称	类型	注　释
启停	开关型	控制杆的伸缩，1 启动，0 停止
复位	开关型	控制杆恢复至初始状态，1 复位
缩放移动量	数值型	控制杆的伸缩量

3）动画连接。

① 启停、复位按钮。启停、复位按钮的动画连接详见例 3-1。

② 水平杆、垂直杆动画连接。

a. 双击"水平杆"，弹出"动画组态属性设置"对话框，在"属性设置"选项卡中仅勾选"大小变化"，如图 3-56 所示，使水平杆能做伸缩动画。

b. 单击"大小变化"选项卡，"大小变化"属性设置如图 3-57 所示，表达式与数据对象"缩放移动量"相连。当表达式"缩放移动量"的值为 0 时，最小变化百分比为 100；当表达式"水平移动变量"的值为 75 时，最大变化百分比为 300。变化方向为 →：以左边界为基准，沿着从左到右的方向发生变化。变化方式为缩放，图形可按比例整体缩小或放大。

图 3-56　"水平杆"动画组态属性设置
图 3-57　"水平杆"大小变化属性设置

c. 单击"确认"按钮，保存所设置的属性并退出，返回窗口界面。

与水平移动连接类似，"大小变化"属性设置中填写的这组值确定的是图形的缩放速率，可填写的数值不唯一。简便起见，同样选择起始时刻点和目标时刻点进行计算。因为水平杆的缩放范围为 1～3 倍杆长，15 s 完成一次放大或缩小。可以在属性页面设置起始时刻

（时间为 0，表达式值为 0）时，水平杆相对初始图形的变化百分比为 100，即与原图形相同；目标时刻点（时间为 15 s，表达式值为 75）时，相对初始图形变化百分比为 300，即图形放大 3 倍。之后编写程序使表达式"缩放移动量"的值随时间发生变化，并且当时间为 0 时，表达式值为 0，时间为 15 s 时，表达式值为 75。

d. 模仿步骤 a～c 完成"垂直杆"大小变化属性设置，属性设置页面如图 3-58 和图 3-59 所示。当表达式"缩放移动量"的值为 0 时，最小变化百分比为 0；当表达式"水平移动变量"的值为 75 时，最大变化百分比为 300。

图 3-58 "垂直杆"动画组态属性设置

图 3-59 "垂直杆"大小变化属性设置

4）脚本程序设计。

① 在工作台窗口"运行策略"选项卡中，双击"循环策略"进入策略组态窗口。

② 双击图标 ，设置循环策略执行方式为定时循环执行，且循环时间为 200 ms。

③ 在策略组态窗口，执行"新增策略行"操作，并将"脚本程序"策略构件加载至新增的策略行上。

④ 双击图标 ，进入脚本程序编辑环境，输入如下程序。

```
'***************水平杆和垂直杆的缩放状态控制***************
IF 启停 = 1   AND 复位 = 0    THEN
缩放移动量 = 缩放移动量+1
ENDIF
IF 复位 = 1   THEN
缩放移动量 = 缩放移动量 － 1
ENDIF
'***************水平杆和垂直杆的缩放范围控制***************
IF 缩放移动量 ＞75 THEN 缩放移动量 = 75
IF 缩放移动量 ＜0 THEN 缩放移动量 = 0
```

5）程序调试。按〈F5〉快捷键进入运行环境，在缩放测试界面依次完成如下操作，观察水平杆与垂直杆的动画状态。

① 单击"启停"按钮，使数据对象启停=1，观察水平杆是否从初始大小向右伸长，直至初始图形 3 倍长；观察垂直杆是否从消失再出现向下伸长，直至初始图形 3 倍长。

② 再次单击"启停"按钮，使数据对象启停=0，再单击"复位"按钮，使数据对象复位=1，观察水平杆、垂直杆是否在 15 s 内恢复初始形状。

任务 3.9　机械手动画控制

通过任务 3.8 的学习可知，要使图形进行正确的移动或缩放关键在于两点，其一是合理填写位置动画连接属性设置页面，再则就是能编写出脚本程序控制与图形对象相连变量值的变化。同样要使机械手监控画面能直观、形象且逼真地显示工件搬运过程，需要对界面上的水平杆、垂直杆、机械手以及上工件进行位置动画连接并设计脚本程序。

一、画面动画脚本程序设计

1. 变量定义

水平杆、垂直杆、机械手和上工件的动画主要包括水平移动、垂直移动、水平缩放和垂直缩放，因此可以定义名称为"水平移动量"和"垂直移动量"的数据对象用于控制图形动画，具体见表 3-8。

二维码 3-4
机械手动画控制

表 3-8　画面动画数据对象

变量名称	类　型	注　释
水平移动量	数值型	控制水平移动和水平缩放量
垂直移动量	数值型	控制垂直移动和垂直缩放量

2. 脚本程序设计

在机械手监控系统的脚本程序中，新增如下语句。

```
'*********下移阀有效*********
IF 下移信号 = 1 THEN
垂直移动量 = 垂直移动量+1
ENDIF
'*********上移阀有效*********
IF 上移信号 = 1 THEN
垂直移动量 = 垂直移动量-1
ENDIF
'*********右移阀有效*********
IF 右移信号 = 1 THEN
水平移动量 = 水平移动量+1
ENDIF
'*********左移阀有效*********
IF 左移信号 = 1 THEN
水平移动量 = 水平移动量-1
ENDIF
```

3. 监控界面修改

将机械手监控界面上原先用于测试定时器部分的界面进行修改，修改前后的界面如图 3-60 所示。删除"定时器启停"以及"定时器复位"按钮，新增显示内容为"水平移动量"以及"垂直移动量"的标签，并修改标签显示输出属性相关联的数据对象，使得系统运行过程中可以观察到这两个数据对象值的变化规律。

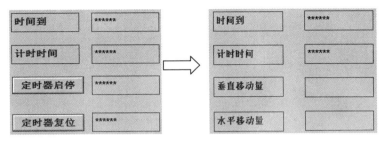

图 3-60　监控界面修改

二、位置动画连接

1. 动画分析

根据动画要求，监控界面中的水平杆、垂直杆、机械手均需要进行合理的位置动画连接。因此需要逐一分析各个图形的动画方式、初始位置（形状）动画至目标位置（形状）所需的时间、两者之间距离或范围。分析结果见表 3-9，初始位置、目标位置、距离或范围测量参考辅助线，如图 3-61 所示。

表 3-9　画面动画数据对象

图形符号	动画方式	所需时间/s	距离或范围/像素
水平杆	左右缩放	10	150~450
机械手	水平移动	10	300
垂直杆	水平移动	10	300
	上下缩放	5	100~315
上工件	水平移动	10	300
	垂直移动	5	217

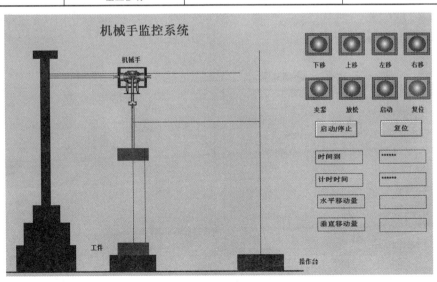

图 3-61　测量参考辅助线

2．属性设置

（1）水平杆

位置动画连接类型勾选"大小变化"。从之前的画面动画程序可知，数据对象"水平移动量"每 200 ms 加 1 或者减 1，在机械手右移 10 s 过程中，水平杆做水平方向的伸缩动作，"水平移动量"从 0 增加至 50，水平杆从初始长度为 150 像素伸长至 450 像素。其动画组态属性设置页面如图 3-62 所示。

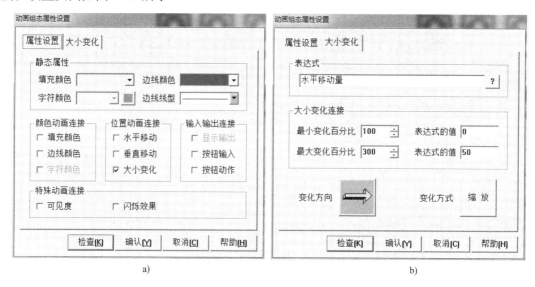

图 3-62　水平杆动画组态属性设置

（2）机械手

"位置动画连接"类型勾选"水平移动"。在机械手右移 10 s 过程中，"水平移动量"从 0 增加至 50，起始位置与目标位置之间的距离为 300 像素，具体动画组态属性设置页面如图 3-63 所示。

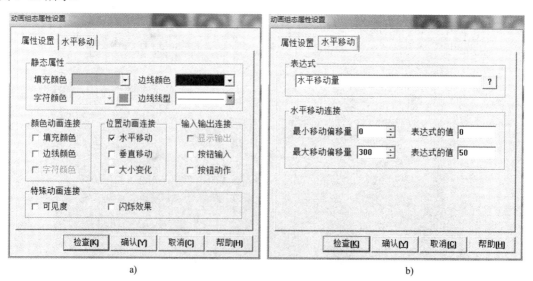

图 3-63　机械手动画组态属性设置

（3）垂直杆

位置动画连接类型勾选"水平移动""大小变化"。在机械手右移 10 s、左移 10 s 过程中，垂直杆做水平方向的移动；在机械手上移 5 s、下移 5 s 过程中，垂直杆做缩放运动，见表 3-10，具体动画组态属性设置页面如图 3-64 所示。

表 3-10　垂直杆动画数据

动画方式	所需时间/s	距离或范围/像素
水平移动	10	300
上下缩放	5	100～315

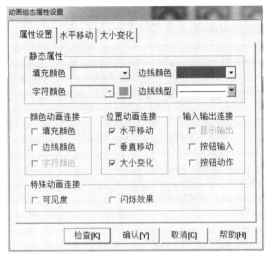

a)

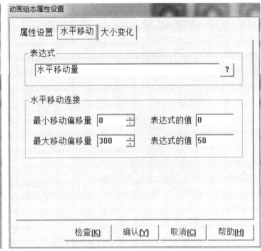

b)

c)

图 3-64　垂直杆动画组态属性设置

（4）上工件

位置动画连接类型勾选"水平移动""垂直变化"。在机械手右移 10 s、左移 10 s 过程中，上工件做水平方向的移动；在机械手上移 5 s、下移 5 s 过程中，上工件做垂直移动，见表 3-11，具体动画组态属性设置页面如图 3-65 所示。

表 3-11　上工件动画数据

动画方式	所需时间/s	距离或范围/像素
水平移动	10	300
垂直移动	5	217

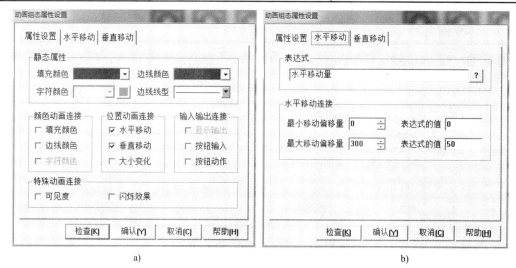

a)　　　　　　　　　　　　　b)

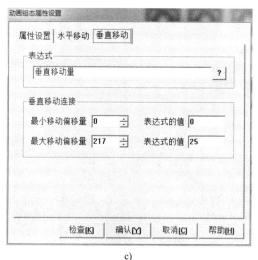

c)

图 3-65　上工件动画组态属性设置

3．动画调试

按〈F5〉快捷键进入运行环境，在机械手监控窗口依次完成如下操作，并观察运行结果，观察机械手监控系统画面动画是否形象逼真。

1）单击"启动/停止"按钮，观察机械手是否下移 5 s，夹紧 2 s，上移 5 s，右移 10 s，下移 5 s，放松 2 s，上移 5 s，左移 10 s，最后回到原始位置，自动循环工作。

2）再次单击"启动/停止"按钮，观察机械手是否立刻停在当前位置。

3）单击"复位/停止"按钮，观察机械手是否在完成本次操作后，回到原始位置，然后停止工作。

4）再次单击"复位/停止"按钮，观察机械手是否能退出复位状态，重新开始循环工作。

二维码 3-5
工件移动动画
控制

任务 3.10 工件移动动画控制

在机械手监控界面设计时，制作了完全相同的工件符号，下工件位于工件台上方中心位置，上工件位于垂直杆下端，且两者中心对齐，如图 3-66 所示。在任务 3.9 中只对机械手监控系统中的上工件进行动画连接，系统运行时上工件始终跟随垂直杆运动，呈现的动画效果：机械手向下移动将上工件放置到工件台，随后又将其夹起搬运到操作台，再重新将其带回初始位置；下工件全程静止于工作台正上方。而实际工作过程中，机械手向下移动夹起一个工件，然后把它放到操作台上，操作台上的工件进入下一道工序，工件台上重新出现一个工件。

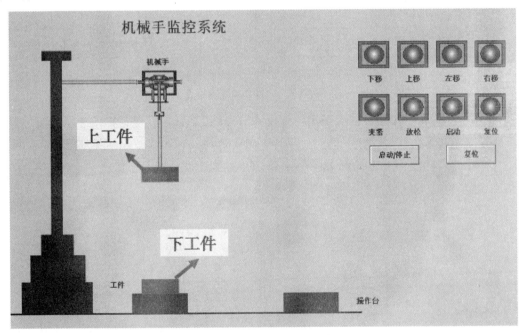

图 3-66 机械手监控界面

因此需要对工件动画进行改进，使得系统运行过程中仅出现一个工件，且动画符合实际要求。巧妙利用 MCGS 的特殊动画连接可以使工件根据需要进行显示或隐藏，从而获得想要的动画效果。

在 MCGS 中，特殊动画连接包括可见度和闪烁效果两种方式，用于实现图元、图符对象的可见与不可见交替变换和图形闪烁效果，图形的可见度变换也是闪烁动画的一种。MCGS 中每一个图元、图符对象都可以定义特殊动画连接的方式。利用特殊动画连接完善工件动画具体步骤如下。

1．可见度连接（图 3-67）

1）双击上工件图标，弹出"动画组态属性设置"对话框，在"属性设置"选项卡中特殊动画连接栏中勾选"可见度"。

2）在"可见度"选项卡中，表达式与数据对象"工件显示隐藏标志"相连；当表达式非零时选择"对应图符可见"。

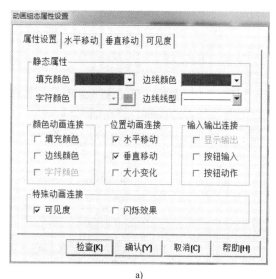
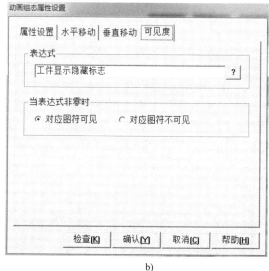

图 3-67 "上工件"可见度设置

3）单击"确认"按钮，保存退出，弹出"Mcgs 组态环境"对话框，提示"工件显示隐藏标志"未定义，如图 3-68 所示。单击"是"按钮，弹出"数据对象属性设置"对话框，可以完成数据对象"工件显示隐藏标志"的定义，将数据类型修改为"开关型"，如图 3-69 所示。单击"确认"按钮，保存退出。

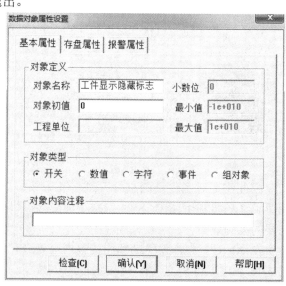

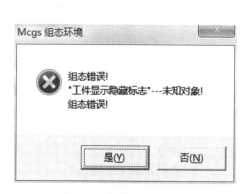

图 3-68 错误提示界面

图 3-69 数据对象定义

注意：数据对象可在"实时数据库"窗口先完成定义再进行使用，也可以在设计过程中，需要使用时再根据系统提示进行添加。

4）重复步骤 1）和 2）完成下工件可见度属性设置，详见图 3-70。

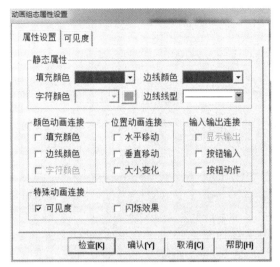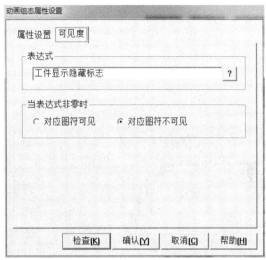

图 3-70 "下工件"可见度设置

2. 工件动画工程分析

机械手监控系统运行过程中上工件与下工件的显示状态见表 3-12，两者交替出现。上工件在 7～29 s 之间可见，其余时间不可见。

表 3-12 画面动画数据对象

工件	工件状态（是表示出现，否表示隐藏）							
	下移 5 s	夹紧 2 s	上移 5 s	右移 10 s	下移 5 s	放松 2 s	上移 5 s	左移 10 s
上工件	否	否	是	是	是	是	是	否
下工件	是	是	否	否	否	否	否	是

3. 脚本程序设计

编写程序，使得变量"工件显示标志"在 7～29 s 之间的值为 1，其余时间为 0。修改已编写的运行控制程序，增加与工件显示控制相关代码，具体如下。

```
'**********************运行控制**********************
IF 定时器启停 = 1 THEN
IF 计时时间 < 5 THEN
下移信号 = 1
EXIT
ENDIF
IF 计时时间 < 7 THEN
夹紧信号 = 1
下移信号 = 0
EXIT
```

```
        ENDIF
        IF 计时时间 < 12 THEN
        上移信号 = 1
        夹紧信号 = 0
        '****上工件在[7s    29s]可见其余时间不可见****
        工件显示隐藏标志 = 1
        EXIT
        ENDIF
        IF 计时时间 < 22 THEN
        右移信号 = 1
        上移信号 = 0
        EXIT
        ENDIF
        IF 计时时间 < 27 THEN
        下移信号 = 1
        右移信号 = 0
        EXIT
        ENDIF
        IF 计时时间 < 29 THEN
        放松信号 = 1
        下移信号 = 0
        EXIT
        ENDIF
        IF 计时时间 < 34 THEN
        '****上工件在[7s    29s]可见其余时间不可见****
        工件显示隐藏标志 = 0
        上移信号 = 1
        放松信号 = 0
        EXIT
        ENDIF
        IF 计时时间 < 44 THEN
        左移信号 = 1
        上移信号 = 0
        EXIT
        ENDIF
        IF 计时时间 >=44 THEN
        左移信号 = 0
        定时器复位 = 1
        EXIT
        ENDIF
        ENDIF
```

项目4 电动大门监控系统设计

学习目标

- ◇ 具有工程分析能力，能根据控制系统要求确定控制系统工程框架、数据对象；
- ◇ 应用动画连接技巧与 MCGS 编程语言实现控制界面动态显示；
- ◇ 能根据实际需要选择设备构件，在 MCGS 中进行连接与配置，并完成系统软、硬件联调。

知识点与技能点

知识点：

1. 掌握工程分析方法，监控系统数据定义、界面编辑与设计的方法与技巧；
2. 掌握常用图元、动画构件的动画连接以及位置动画连接方法与技巧；
3. 掌握 MCGS 监控程序的设计与调试方法，软、硬件联机调试方法；
4. 掌握设备窗口、设备工具箱的功能，"可选设备"与"选定设备"的区别；
5. 掌握合通用串口设备、三菱 FX 系列编程口设备加载与属性设置方法；
6. 掌握通用串口设备基本属性页、电话连接页的参数含义；
7. 掌握三菱 FX 系列编程口基本属性页、通道连接页、设备调试页的参数含义。

技能点：

1. 能利用"常用图符"工具箱绘制三维圆环；
2. 能利用"构成图符"菜单项将多个图形对象构成整体，并进行填充颜色、按钮输入等动画连接；
3. 能完成电动大门 MCGS 脚本程序设计与调试，PLC 控制程序设计与调试；
4. 能在 MCGS 中添加三菱 FX 系列 PLC，实现组态与 PLC 的联机通信。

任务 4.1 工程分析与建立

一、工程分析

1. 控制要求

电动大门是生活中常见的一种装置，常通过电动机进行驱动。本次设计主要是电动大门的监控，根据控制要求实现大门的开门、关门和停止等动作，具体要求如下。

1）可在监控室通过操作开门按钮、关门按钮和停止按钮控制大门。

2）当按下开门按钮后，报警灯开始闪烁，提示所有的人员和车辆注意。5 s 后，开门接触器闭合，门开始打开，直到碰到开门限位开关时（门完全打开），门停止运动，报警灯停止闪烁。

3）当按下关门按钮时，报警灯开始闪烁，5 s 后，关门接触器闭合，门开始关闭，直到碰到关门限位开关时（门完全关闭），门停止运动，报警灯停止闪烁。

4）在开关门运动过程中，任何时候只要门卫按下停止按钮，门马上停在当前位置，报警灯停闪。

5）关门过程中，只要夹住人或物品，安全压力挡板就会受到额定压力，门立即停止运行，以防止发生伤害。

6）能在计算机上动态显示大门运动情况。

2．控制对象分析

电动大门按电动机类型分为直流门和交流门，按门体结构分为电动伸缩门、电动折叠门和悬浮门等。本次设计以采用单相异步电动机驱动的伸缩门为对象进行设计，大门的开门、关门动作分别通过单相异步电动机的正转、反转控制电路来实现，大门外观参考图 4-1。

图 4-1　电动大门

二、工程建立

要求：建立名为"大门监控系统"的工程。具体实现步骤如下。

1）双击桌面图标，进入 MCGS 组态环境。

2）单击"文件"菜单，弹出下拉菜单，选择"新建工程"选项，如图 4-2 所示。

3）选择"文件"菜单中的"工程另存为"选项，弹出文件保存窗口，如图 4-3 所示。选择保存路径，在文件名栏内输入"大门监控系统"，单击"保存"按钮，工程创建完毕。

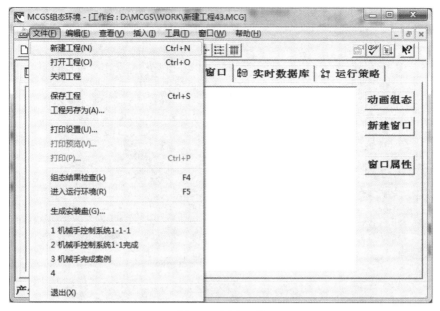

图 4-2　新建工程

图 4-3　文件保存窗口

任务 4.2　简单工程界面设计

要求：建立用户窗口，窗口名和窗口标题均为"大门监控"，窗口最大化显示并设为启动窗口，监控界面内容如图 4-4 所示。具体实现步骤如下。

一、窗口创建与设置

1．新建窗口

在工作台窗口中，单击"用户窗口"选项卡，进入用户窗口，如图 4-5 所示，在用户窗口中单击"新建窗口"按钮，建立"窗口 0"。

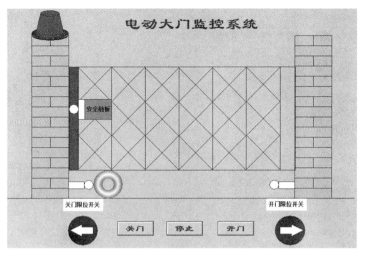

图 4-4 电动大门监控界面

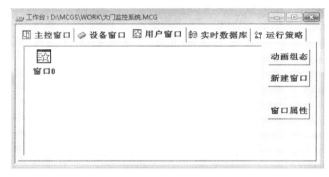

图 4-5 用户窗口

2．设置窗口基本属性

选中"窗口 0"，再单击"窗口属性"按钮，弹出"用户窗口属性设置"对话框，窗口名称与窗口标题内容均填写为"大门监控"，窗口位置选择为"最大化显示"，其他内容保持默认值不变，如图 4-6 所示，单击"确认"按钮，完成保存并退出设置。

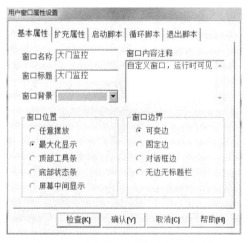

图 4-6 "用户窗口属性设置"对话框

3．设置启动窗口

选中用户窗口中的"大门监控"图标，单击右键，在弹出的下拉菜单中单击"设置为启动窗口"选项，将该窗口设置为运行时自动加载的窗口。

二、画面编辑

1．进入画面编辑环境

双击用户窗口中的"大门监控"图标或单击选中"大门监控"图标，再单击"动画组态"按钮，进入动画组态界面。

2．打开动画构件工具箱

单击工具条中的"工具箱"按钮🛠️，打开动画构件工具箱，如图 4-7 所示，利用工具箱上"直线""矩形""椭圆""标签""插入元件"和"标准按钮"动画构件制作"大门监控界面"中的地平线、墙壁、大门、限位开关、安全触板、按钮、指示灯、轮子、指示标志等图形符号。

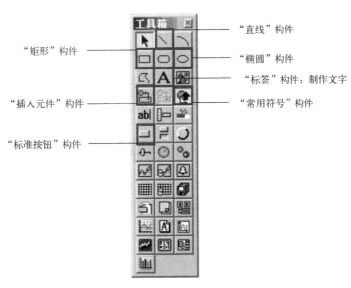

图 4-7　动画构件工具箱

3．制作地平线

1）直线绘制：单击动画构件工具箱中的"直线"构件按钮🖊️，鼠标的光标呈"十"字形，在窗口适当位置按住鼠标左键并根据需要拉出一条适当长度的直线。

2）直线属性设置：在所绘制的直线上方双击鼠标左键，弹出"动画组态属性设置"对话框，选择边线颜色为"黑色"；边线类型为"实线"，粗细自行设定，如图 4-8所示。

3）直线位置调整：鼠标左键按住直线拖动，或者单击选中直线后按键盘上的←、→、↑、↓键进行微调。

4）直线角度调整：按住〈Shift〉键同时再根据需要调整的角度按下←、→、↑、↓键。

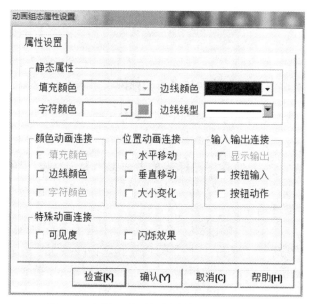

图 4-8　直线"动画组态属性设置"对话框

4．制作墙体

1）单击动画构件工具箱中的"矩形"构件按钮□，鼠标的光标呈"十"字形，在窗口适当位置按住鼠标左键并根据需要拉出一个一定大小的矩形。

2）在所绘制的矩形上方双击鼠标左键，弹出"动画组态属性设置"对话框，填充颜色选择"亮橙色"，其他保持默认值不变，如图 4-9 所示。

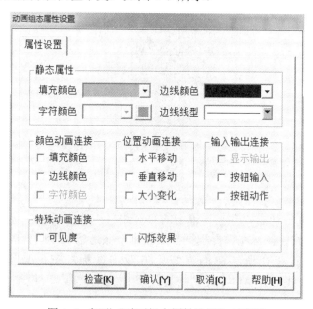

图 4-9　矩形"动画组态属性设置"对话框

3）单击选中步骤 2）所绘制的单个矩形，利用工具条上的"拷贝" 、"复制" ，或者组合键〈Ctrl+C〉、〈Ctrl+V〉，出现第二个矩形。

4）鼠标左键按住其中一个矩形拖动，或者单击选中矩形后按键盘上的←、→、↑、↓

键进行微调，使两个矩形纵向叠加并对齐，如图 4-10 所示。

5）利用"直线"构件按钮 ，在其中一个矩形中画竖线，如图 4-11 所示。

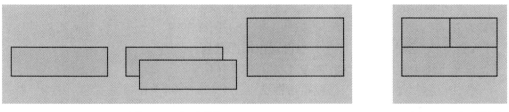

图 4-10　矩形叠加　　　　　　　　　　　　　图 4-11　矩形等分

6）按住鼠标左键，拉出一能覆盖图 4-11 所示图形的虚线矩形框，使框内图形符号被选中，再单击鼠标右键，在弹出的菜单中选中"排列"选项，又弹出另一菜单，如图 4-12 所示，再选择其中的"构成图符"选项，使选中的图符形成一个整体。

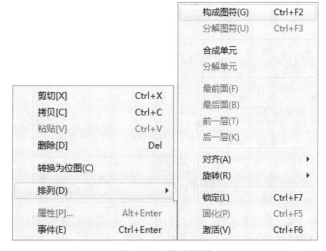

图 4-12　构成图符

7）多次利用复制、粘贴、移动、对齐、构成图符等操作完成两个完整墙体的制作，如图 4-13 所示。

图 4-13　墙体

5．制作按钮

1）按钮绘制：单击动画构件工具箱内的"标准按钮"构件按钮┛，鼠标的光标呈"十"字形，在窗口适当位置按住鼠标左键并根据需要拉出一个一定大小的按钮。

2）按钮属性设置：在所绘制的按钮上方双击鼠标左键，弹出"标准按钮构件属性设置"对话框，在"基本属性"选项卡中设置按钮标题为"关门"。

3）重复上述步骤制作"停止"按钮、"开门"按钮。

4）按住鼠标左键，拉出一虚线矩形框选中三个按钮，再单击鼠标右键，选中"排列"选项，在弹出的菜单中选择"对齐"选项，执行所弹出菜单中的"横向等间距""下对齐"命令，完成按钮对齐，制作完成后的三个按钮如图4-14所示。

图4-14　按钮

6．制作大门

1）直线绘制：单击动画构件工具箱中的"直线"构件按钮╲，鼠标的光标呈"十"字形，在窗口适当位置按住鼠标左键并根据需要拉出一条适当长度和角度的斜直线。

2）直线位置调整：鼠标左键按住直线拖动，或者单击选中直线后按键盘上的←、→、↑、↓键进行微调，使斜直线光滑。

3）直线复制粘贴：单击步骤2）所绘制的直线，利用工具条上的"拷贝"、"复制"，或者组合键〈Ctrl+C〉、〈Ctrl+V〉，出现第二条直线。

4）直线旋转：选中一条直线，单击右键，在依次弹出的菜单中分别执行"排列""旋转"和"左右镜像"命令，实现直线交叉。

5）交叉线中心对齐：按住鼠标左键，拉出一虚线矩形框选中两条直线，单击右键，在依次弹出的菜单中分别执行"排列""对齐"和"中心对中"命令，实现相互交叉的两条直线中心对齐。

6）交叉线构成图符：再次单击右键，在依次弹出的菜单中分别执行"排列""对齐"和"构成图符"命令，将两条交叉直线构成一个整体。

注意：制作步骤1）～6）如图4-15所示。

图4-15　大门交叉线制作

7）交叉线叠加对齐：多次利用复制、粘贴、移动、对齐等操作完成多个交叉线的叠加与对齐。

8）矩形框制作。

① 单击动画构件工具箱中的"矩形"构件按钮▢，鼠标的光标呈"十"字形，鼠标左键按住最上方交叉线左端点，并根据需要拉至最下方交叉线的右交点，绘制出一个刚好能覆盖多组交叉线的矩形框。

② 双击矩形框，弹出"动画组态属性设置"对话框，将"填充颜色"设置为无填充颜色。

③ 单击矩形框，按住〈Shift〉键同时再根据需要按下←、→、↑、↓键微调矩形尺寸，单独按下←、→、↑、↓键微调矩形位置，使所制作的矩形框尺寸位置更贴切。

9）大门门框制作。

① 选中步骤 8）所绘制的图形，单击鼠标右键，执行"排列"菜单的"构成图符"命令，使其成为一个整体。

② 利用工具条上的"拷贝"▤、"复制"▤，或者组合键〈Ctrl+C〉、〈Ctrl+V〉，出现多个上述图符，并排列整齐。

10）安装支持板制作：单击动画构件工具箱中的"矩形"构件按钮▢，在大门门框的左方和右方分别绘制一个合适尺寸的矩形框，并将左方矩形框填充上颜色。

注意：制作步骤 7）～10）如图 4-16 所示。

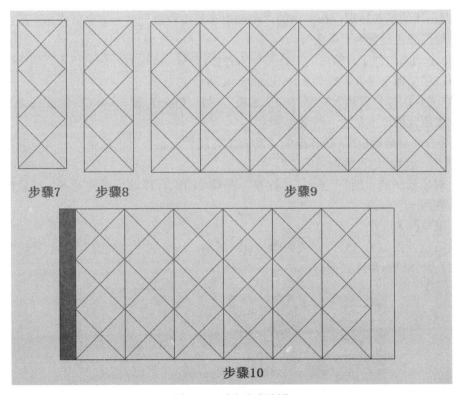

图 4-16 大门门框制作

7．制作传感器

（1）安全触板

安全触板如图 4-17 所示，可利用"椭圆"按钮、"矩形"按钮以及"标签"按钮分别制作，具体制作步骤如下。

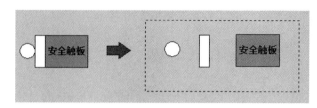

图 4-17　安全触板

1）单击"查看"菜单中的"状态条"，使窗口下方出现状态条。

2）单击动画构件工具箱中的"椭圆"构件按钮◯，在窗口合适位置按住鼠标左键，绘制一个一定大小的圆形。绘制过程中圆形大小变化会在窗口右下角的状态栏上动态显示。

3）双击所绘制的圆形，在弹出的"动画组态属性设置"对话框中，将填充颜色设置为"白色"，边线颜色设置为"黑色"。

4）若圆形尺寸需要微调，可选中圆形后，按住〈Shift〉键同时再根据需要按下←、→、↑、↓键。

5）单击动画构件工具箱中的"矩形"构件按钮▢，在窗口适当位置按住鼠标左键并根据需要拉出一个一定大小的矩形。

6）双击所绘制的矩形，在弹出的"动画组态属性设置"对话框中，将填充颜色设置为"白色"，边线颜色设置为"黑色"。

7）单击动画构件工具箱内的"标签"构件按钮**A**，鼠标的光标呈"十"字形，在窗口适当位置按住鼠标左键并根据需要拉出一个一定大小的矩形。

8）在光标闪烁位置输入文字"安全触板"，按〈Enter〉键、〈ESC〉键或在文本框外窗口任意位置用鼠标单击左键，结束文字输入。

9）双击"安全触板"，在弹出的"动画组态属性设置"对话框中，将填充颜色设置为"50%灰色"，边线颜色设置为"黑色"。

10）对所绘制的"圆""矩形""标签"符号灵活执行移动、排列对齐、构成图符等操作，使其成为一个整体。

（2）限位开关制作

开门限位开关与关门限位开关如图 4-18 所示，均可利用"椭圆"按钮、"矩形"按钮进行制作，具体制作步骤如下。

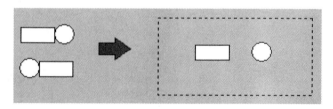

图 4-18　限位开关

1）单击动画构件工具箱中的"椭圆"构件按钮◯，在窗口合适位置按住鼠标左键，绘制一个一定大小的圆形。

2）双击所绘制的圆形，在弹出的"动画组态属性设置"对话框中，将填充颜色设置为

"白色"，边线颜色设置为"黑色"。

3）单击动画构件工具箱中的"矩形"构件按钮▫，在窗口适当位置按住鼠标左键并根据需要拉出一个一定大小的矩形。

4）双击所绘制的矩形，在弹出的"动画组态属性设置"对话框中，将填充颜色设置为"白色"，边线颜色设置为"黑色"。

5）对所绘制的"圆""矩形"符号灵活执行移动、排列对齐、复制粘贴、构成图符等操作，分别制作一个开门限位开关与一个关门限位开关。

8．制作图形符号

（1）指示灯与标志。

① 图形符号插入。利用"插入元件"构件🖼，打开对象元件库管理窗口，如图 4-19 所示。在用户窗口插入所需的指示灯和标志，具体信息见表 4-1。

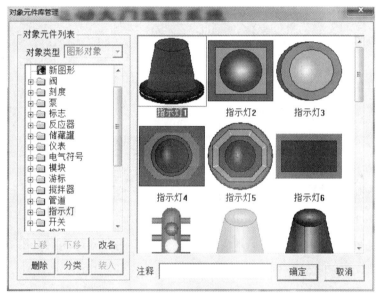

图 4-19　对象元件库

表 4-1　图形符号

对象类型	图形符号	对象类型	图形符号
"指示灯"类	指示灯1	"标志"类	标志30

② 指示灯编辑。单击选中指示灯，指示灯周边出现八个白色小方块，将鼠标移到指示灯对角白色小方块上方，光标呈斜向的双箭头形状，按住左键拖拉至适合的大小。

③ 标志编辑。利用工具条上的"拷贝"🖺、"复制"🖺，或者组合键〈Ctrl+C〉、

〈Ctrl+V〉，使窗口界面共出现两个标志。单击选中其中一个标志，再单击鼠标右键，依次执行"排列""旋转""左右镜像"命令，使界面上的两个标志箭头朝向相反。

④ 图形符号位置移动。将制作好的指示灯以及标志放置到窗口合适位置，如图 4-20所示。

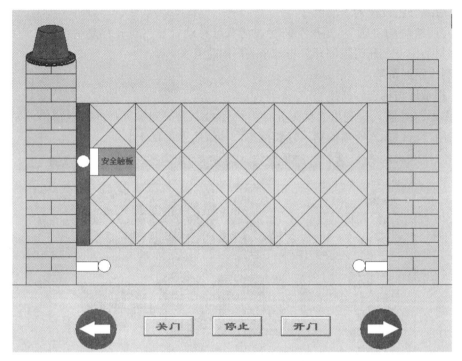

图 4-20　大门指示灯标志制作

2）打开动画构件工具箱上的"常用符号"，在弹出的"常用图符"窗口中选择"三维圆环"构件，制作大门轮子，如图 4-21 所示。

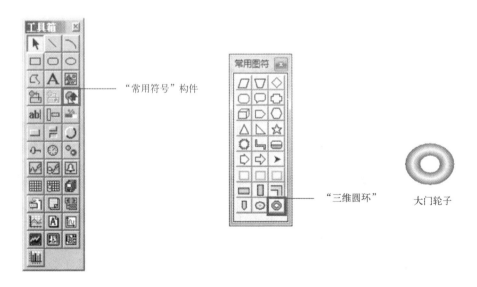

图 4-21　大门轮子制作

9.制作文字

1）文字绘制：单击动画构件工具箱内的"标签"构件按钮**A**，鼠标的光标呈"十"字形，在窗口适当位置按住鼠标左键并根据需要拉出一个一定大小的矩形。

2）文字内容编辑：在光标闪烁位置输入文字"电动大门监控系统"，按〈Enter〉键、〈ESC〉键或在文本框外窗口任意位置用鼠标单击左键，结束文字输入。

3）文字属性设置：选中文字框，设置静态属性，所制作的效果如图 4-22 所示。

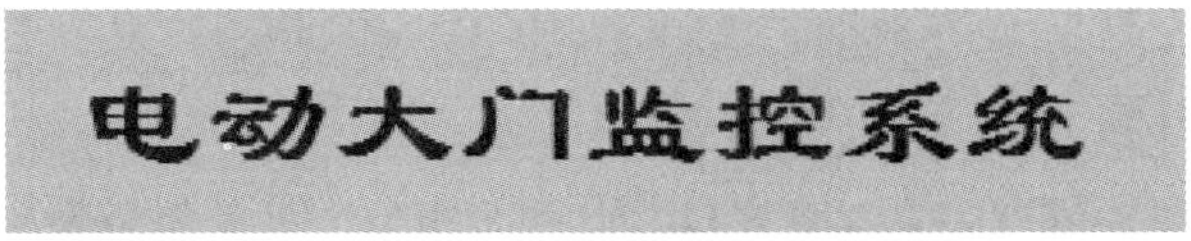

图 4-22　大门监控界面文字制作

方法 1：采用工具条上"填充色""线色""字符颜色"和"字符字体"按钮设置文字所需的属性。

① 单击填充色按钮，设定文字框的背景颜色为"无填充色"。

② 单击线色按钮，设置文字框的边线颜色为"无边线颜色"。

③ 单击字符颜色按钮，将文字颜色设为"蓝色"。

④ 单击字符字体按钮，设置文字字体为"隶书"；字形为"粗体"；大小为"一号"。

方法 2：双击需设置属性的文字框，弹出"动画组态属性设置"对话框，对话框中的静态属性设置部分同样可以完成填充颜色、边线颜色与类型、字符颜色和字符字体属性的设置。

4）其他文字制作：重复上述步骤完成界面中"开门限位开关""关门限位开关"文字的制作。要求字符颜色为"黑色"；填充颜色为"无填充色"；边线颜色为"无边线颜色"；字体为"宋体"；字形为"粗体"；大小为"五号"。

任务 4.3　变量的定义

要求：在系统数据库中定义表 4-2 所示的变量。

二维码 4-1
实时数据库建立

表 4-2　机械手监控系统变量表

变量名称	类　型	初　值	注　释
开门按钮	开关型	0	输入信号，上升沿，要求开门
停止按钮	开关型	0	输入信号，上升沿，要求停止开关门
关门按钮	开关型	0	输入信号，上升沿，要求关门
开门继电器	开关型	0	输出信号，=1，控制大门电动机正转
关门继电器	开关型	0	输出信号，=1，控制大门电动机反转
开门限位开关	开关型	0	输入信号，=1，门已经全开
关门限位开关	开关型	0	输入信号，=1，门已经全关
安全触板	开关型	0	输入信号，=1，夹到人或物
报警灯	开关型		输出信号，=1，控制报警灯闪烁

变量定义具体实现步骤如下。

1）单击工作台图标 ，打开工作台窗口。单击工作台中的"实时数据库"选项卡，进入实时数据库窗口。

2）单击"新增对象"按钮，在窗口的数据对象列表中，增加新的数据对象"InputETime1"，如图 4-23 所示。

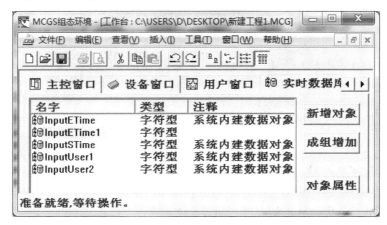

图 4-23　实时数据库窗口

3）选中数据对象"InputETime1"，单击"对象属性"按钮，或双击该数据对象，弹出"数据对象属性设置"对话框。以定义数据对象"开门按钮"为例，如图 4-24 所示，将对象名称改为"开门按钮"；对象类型选择"开关型"；在对象内容注释输入框内输入"输入信号，上升沿，要求关门"。单击"数据对象属性设置"对话框的"确认"按钮完成数据定义并保存退出。

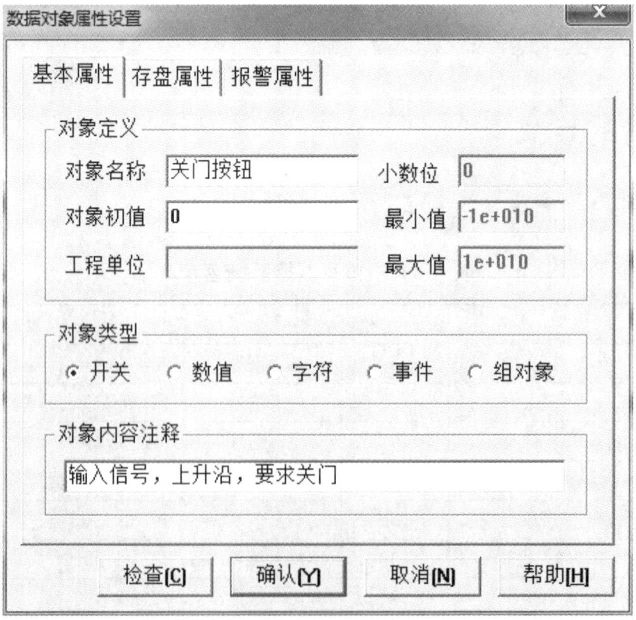

图 4-24　"数据对象属性设置"对话框

4）重复步骤2）～3），完成表4-1中其他八个数据对象的定义。

任务 4.4　动画连接

静态界面设计完成之后，需要将画面中的按钮、指示灯、标志、行程开关、安全触板等图形与数据库中定义的数据对象相关联，使得系统运行时画面上图形符号的内容会随着数据对象值的变化而发生改变。本系统动画连接具体要求如下。

（1）按钮动画

要求：按钮类型为不带自锁，按1松0。

（2）报警指示灯动画

要求：无报警信号时为黄色；有报警信号时为红色，且闪烁。

（3）左右箭头标志动画

要求：开门继电器=1，右箭头闪烁；关门继电器=1，左箭头闪烁。

（4）传感器动画

电动大门监控系统的传感器包括行程开关、安全触板，系统运行时要求：

1）开门到位、关门到位为红色，反之为黄色。

2）单击"开门限位开关"图形符号，实现"开门限位开关"变量的值在状态 0 和状态 1 之间切换。

3）单击"关门限位开关"图形符号，实现"关门限位开关"变量的值在状态 0 和状态 1 之间切换。

4）安全触板夹到人或物为红色，反之为黄色。

5）单击"安全触板"，实现"安全触板"变量的值在状态0和状态1之间切换。

（5）电动大门动画连接

电动大门监控系统的大门包括大门门框、轮子和安全触板三部分，要求系统运行过程中能直观、生动形象地显示大门的运行状态。具体如下。

1）大门全开或全关的时间为15 s。

2）大门做水平缩放动画连接。

3）轮子做水平移动动画连接。

二维码 4-2
动画设计（按钮、指示灯箭头传感器）

一、按钮动画效果制作

具体实现步骤如下。

1）双击"大门监控"界面的"关门"按钮，弹出"标准按钮构件属性设置"对话框。

2）鼠标单击"操作属性"选项卡，"按钮对应的功能"栏中勾选"数据对象值操作"，操作类型为"按 1 松 0"，并单击浏览按钮 ⍰ ，弹出数据对象列表，双击数据列表中的数据对象"关门按钮"，如图4-25所示。

3）单击"标准按钮构件属性设置"对话框的"确认"按钮，保存退出。

4）重复步骤 1）～3），完成"停止""开门"按钮与数据对象"停止按钮""开门按钮"的动画连接。

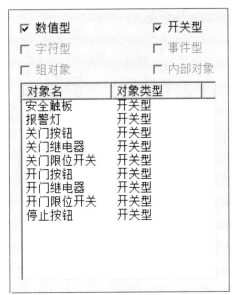
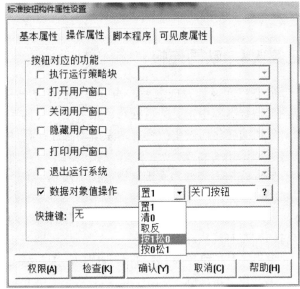

图 4-25 按钮动画连接

二、报警灯动画效果制作

1）双击报警指示灯🔔，弹出"单元属性设置"对话框，单击"动画连接"选项卡，如图 4-26 所示。

2）单击"动画连接"选项卡中"组合图符"，再单击连接表达式部分出现的按钮 >，弹出"动画组态属性设置"对话框。将表达式与数据对象"报警灯"相连，并根据动画要求"无报警信号时为黄色；有报警信号时为红色"，将分段点 0 对应颜色设置为黄色，分段点 1 对应颜色设置为红色，如图 4-27 所示。

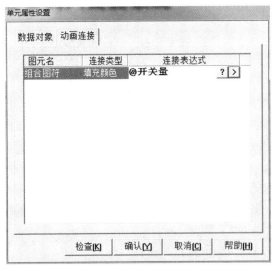

图 4-26 "单元属性设置"对话框   图 4-27 "动画组态属性设置"对话框

3）单击"属性设置"选项卡，勾选该页面"特殊动画连接栏"中的"闪烁效果"，如

136

图 4-28 所示。

4）单击"闪烁效果"选项卡，将该页面的表达式与数据对象"报警灯"相连，当报警信号产生时，报警灯闪烁，如图 4-29 所示。

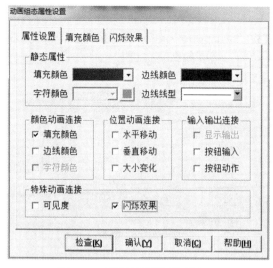

图 4-28 "属性设置"选项卡　　　　　　图 4-29 "闪烁效果"选项卡

三、左右箭头标志动画效果制作

1）双击左箭头标志，弹出"动画组态属性设置"对话框，勾选"属性设置"选项卡的"特殊动画连接"栏中的"闪烁效果"选项。

2）单击"闪烁效果"选项卡，根据动画要求"关门继电器=1，左箭头闪烁"，将页面中的表达式与数据对象"关门继电器"相连，如图 4-30 所示。

3）仿照步骤 1）、2），制作右箭头标志动画效果，闪烁效果属性设置如图 4-31 所示。

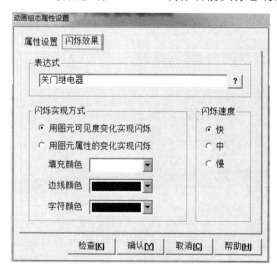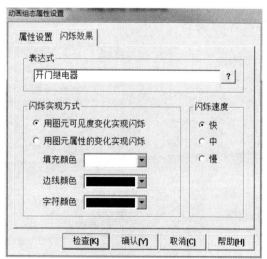

图 4-30　左箭头闪烁效果属性设置　　　　图 4-31　右箭头闪烁效果属性设置

四、传感器动画效果制作

1）双击关门限位开关 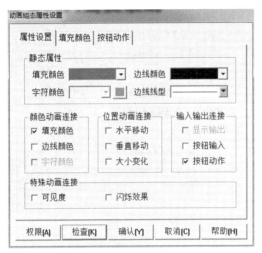，弹出"动画组态属性设置"对话框，勾选"属性设置"选项卡的"颜色动画连接"栏中的"填充颜色"选项，以及"输入输出连接"栏中的"按钮动作"选项，如图4-32所示。

2）单击"填充颜色"选项卡，根据动画要求"关门到位为红色，反之为黄色"，因此将页面中的表达式与数据对象"关门限位开关"相连，填充颜色分段点为0时，对应颜色设置为黄色，分段点为1时，对应颜色设置为红色，如图4-33所示。

图4-32　关门限位开关"属性设置"选项卡

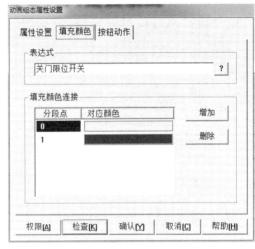

图4-33　关门限位开关"填充颜色"选项卡

3）单击"按钮动作"选项卡，根据动画要求"系统运行时单击'关门限位开关'图形符号，实现'关门限位开关'变量的值在状态0和状态1之间切换"，因此将页面中的表达式与数据对象"关门限位开关"相连，按钮对应的功能勾选"数据对象值操作"，操作类型为"取反"，相连的数据对象为"关门限位开关"，如图4-34所示，单击"确认"按钮，保存设置并退出。

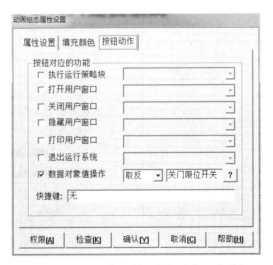

图4-34　关门限位开关"按钮动作"选项卡

4）仿照步骤 1）～3），完成开门限位开关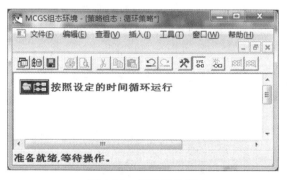的动画组态属性设置。

5）仿照步骤 1）～3），完成安全触板 的动画组态属性设置。

二维码 4-3
动画设计
（大门）

五、电动大门动画效果制作

电动大门动画设计步骤如下。

1. 新增变量

打开工作台窗口，在"实时数据库"选项卡中，单击"新增对象"按钮，在数据库中添加数据对象"水平移动参数"，用于控制"大门"以及"轮子"图形动画，变量信息见表 4-3。

表 4-3　大门动画变量表

数据名称	数据类型	数据初值	对象内容注释
水平移动参数	数 值 型	0	控制水平移动量和水平缩放量

2. 编写动画控制程序

1）在工作台窗口"运行策略"选项卡中，双击"循环策略"图标进入策略组态窗口，如图 4-35 所示。

2）双击策略组态窗口中"按照设定的时间循环运行"图标，弹出"策略属性设置"对话框，修改循环时间为 200，如图 4-36 所示。

3）单击"确认"按钮，保存设置并返回策略组态窗口。

图 4-35　策略组态窗口　　　　图 4-36　"策略属性设置"对话框

4）在策略组态窗口中，单击工具条中的"新增策略行"图标，新增一策略行。

5）单击工具条中的"工具箱"图标，打开策略工具箱，单击策略工具箱中的"脚本程序"，将手状鼠标指针移到策略块图标" "上方，单击鼠标左键，将"脚本程序"构件添加至策略块，如图 4-37 所示。

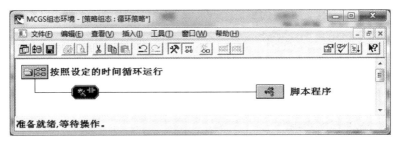

图 4-37　加载"脚本程序"的策略组态窗口

6）双击图标，进入脚本程序编辑环境，输入下面的程序。

```
'********************大门动画控制********************
IF  开门继电器=1 THEN  水平移动参数=水平移动参数+1
IF  关门继电器=1 THEN  水平移动参数=水平移动参数-1
```

3．位置动画连接

大门包括三部分图形符号，即门框、轮子以及安装在门上的安全触板。要使得大门开关门动画形象、逼真，这三部分图形运行过程中在视觉上需要相对静止，不能有明显的脱节现象。因此设置这三部分图形符号位置动画连接前，首先要明确电动大门的起始状态与目标状态，并使用直线辅助测量出所需的偏移量值或缩放范围。各部分位置动画连接设置具体介绍如下。

（1）大门门框

1）双击"大门门框"，弹出"动画组态属性设置"对话框，在"属性设置"选项卡的"位置动画连接"栏中仅勾选"大小变化"，如图 4-38 所示，使水平杆做水平方向伸缩。

2）单击"大小变化"选项卡，"大小变化"属性设置如图 4-39 所示，表达式与数据对象"水平移动参数"相连；当表达式"水平移动变量"的值为 0 时，最小变化百分比为 100；当表达式"水平移动参数"的值为 75 时，最大变化百分比为 25。变化方向为 ←。开门过程中，数据对象"开门继电器=1"，"水平移动参数"的值从 0 开始以每 200 ms 的速率加 1，而大门门框以右边界为基准，水平方向慢慢变窄；15 s 时，缩窄至目标位置，大门门框的宽度为其初始宽度的 25%，如图 4-40 所示。

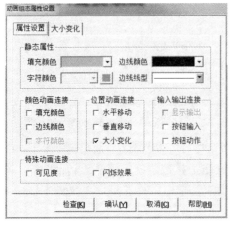

图 4-38　门框"属性设置"选项卡

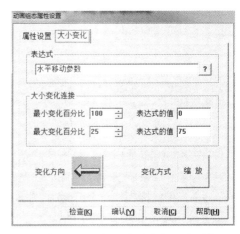

图 4-39　门框"大小变化"选项卡

3）单击"确认"按钮，保存所设置的属性后退出并返回窗口界面。

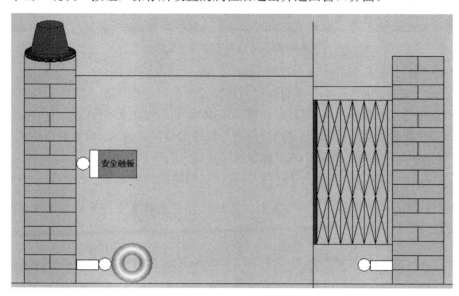

图 4-40　大门全开状态

（2）轮子

1）双击"轮子"，弹出"动画组态属性设置"对话框，在"属性设置"选项卡的"位置动画连接"栏中仅勾选"水平移动"，如图 4-41 所示，使轮子做水平方向移动。

2）单击"水平移动"选项卡，"水平移动"属性设置如图 4-42 所示，表达式与数据对象"水平移动参数"相连。当表达式"水平移动变量"的值为 0 时，最小移动偏移量为 0；当表达式"水平移动参数"的值为 75 时，最大移动偏移量为 324。开门过程中，数据对象"开门继电器=1"，"水平移动参数"的值从 0 开始以每 200 ms 的速率加 1，而轮子自左向右水平方向移动；15 s 时，移动至目标位置，目标位置相对起始位置的偏移量为 324，如图 4-43 所示。

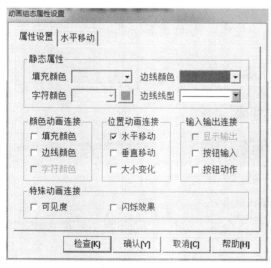

图 4-41　轮子"属性设置"选项卡

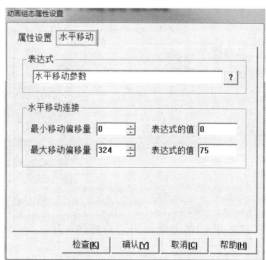

图 4-42　轮子"水平移动"选项卡

141

图 4-43　大门全开时轮子位置

（3）安全触板

1）双击"安全触板"，弹出"动画组态属性设置"对话框，在"属性设置"选项卡的"位置动画连接"栏中勾选"水平移动"，如图 4-44 所示，使安全触板做水平方向移动。

2）单击"水平移动"选项卡，"水平移动"属性设置如图 4-45 所示，表达式与数据对象"水平移动参数"相连。当表达式"水平移动变量"的值为 0 时，最小移动偏移量为 0；当表达式"水平移动参数"的值为 75 时，最大移动偏移量为 375。

注意：合理的确定目标位置非常关键，后续偏移量或者变化百分比数据与目标点的设置息息相关。

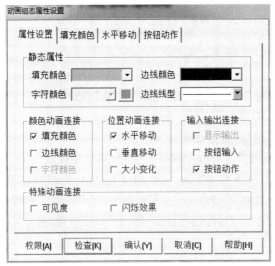

图 4-44　安全触板"属性设置"选项卡

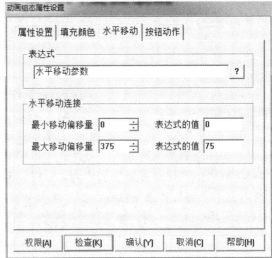

图 4-45　安全触板"水平移动"选项卡

4．程序调试

1）在运行界面上新增两个按钮，如图 4-46 所示。

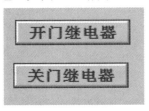

图 4-46　调试按钮

2）开门继电器按钮动画连接，单击开门继电器按钮，实现开门继电器变量在 0 和 1 之间切换。

3）关门继电器按钮动画连接，单击关门继电器按钮，实现关门继电器变量在 0 和 1 之间切换。

4）运行程序测试安全触板、电动大门、轮子的位置动画连接是否正确。

任务 4.5　电动大门控制程序设计

一、按钮控制

1. 按钮控制分析

电动大门监控系统使用"开门""关门"以及"停止"三个按钮控制大门动作，且每个按钮动画连接类型均不带自锁，按 1 松 0。本次任务主要完成按钮的自锁与互锁程序设计，具体控制要求如下。

1）按下开门按钮，门打开，关门按钮无效。

2）按下关门按钮，门关闭，开门按钮无效。

3）按下停止按钮，门停止运动。

2. 按钮控制程序设计

（1）变量定义

单击工作台图标，打开工作台窗口，在"实时数据库"选项卡中单击"新增对象"按钮，新增数据对象。数据对象信息见表 4-4。

表 4-4　画面动画数据对象

变量名	类型	初值	注释
开门命令	开关型	0	中间变量，实现开门按钮自锁
关门命令	开关型	0	中间变量，实现关门按钮自锁

（2）脚本程序设计

双击图标，进入脚本程序编辑环境，新增如下语句。

```
'**********按钮采集与控制程序********************
'*******按下开门按钮，门打开且关门按钮无效***********
IF 开门按钮 = 1 THEN
开门命令 = 1
关门命令 = 0
ENDIF
'*******按下关门按钮，门关闭且开门按钮无效***********
IF 关门按钮 = 1 THEN
关门命令 = 1
开门命令 = 0
ENDIF
'***********按下停止按钮，门停止运动***************
IF 停止按钮 = 1 THEN
开门命令 = 0
关门命令 = 0
ENDIF
```

（3）程序调试

1）在关门、开门和停止按钮下方，添加文字"#"，如图 4-47 所示。

2）在电动大门监控界面新增如下内容，如图 4-48 所示，并对"#"做显示输出，分别显示数据对象"开门命令"与"关门命令"的值。

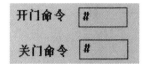

图 4-47　按钮调试界面　　　　　　图 4-48　开门命令与关门命令调试界面

3）按〈F5〉快捷键进入运行环境，分别单击"关门""开门""停止"按钮，观察对应按钮变量的值变化是否正确。

二、定时器控制

1．定时器控制分析

根据电动大门控制要求，可采用两个定时器分别用于开门和关门控制，定时器工作条件分析见表 4-5。

表 4-5　定时器控制分析

电动大门控制要求	所需定时器	定时器工作条件
当按下开门按钮后，报警灯开始闪烁，提示所有的人员和车辆注意。5 s 后，门接触器闭合，门开始打开，直到碰到开门限位开关时（门完全打开），门停止运动，报警灯停止闪烁	开门定时器	接收到开门信号，即开门命令=1
当按下关门按钮时，报警灯开始闪烁，5 s 后，关门接触器闭合，门开始关闭，直到碰到关门限位开关时（门完全关闭），门停止运动，报警灯停止闪烁	关门定时器	接收到关门信号，即关门命令=1

2．定时器控制程序设计

（1）变量定义

在"实时数据库"中新增表 4-6 所示的数据对象。

表 4-6　画面动画数据对象

变量名	类　型	初　值	注　释
定时器启动 1	开关型	0	定时器 1 输入信号，=1，启动定时器 1 开始计时，=0，停止计时
定时器复位 1	开关型	0	定时器 1 输入信号，=1，使定时器 1 清零
计时时间 1	数值型	0	定时器 1 输出，反映定时器 1 计时值
时间到 1	开关型	0	定时器 1 输出，计时时间大于等于设定时间时，变为 1
定时器启动 2	开关型	0	定时器 2 输入信号，=1，启动定时器 1 开始计时，=0，停止计时
定时器复位 2	开关型	0	定时器 2 输入信号，=1，使定时器 1 清零
计时时间 2	数值型	0	定时器 2 输出，反映定时器 1 计时值
时间到 2	开关型	0	定时器 2 输出，计时时间大于等于设定时间时，变为 1

（2）定时器策略构件加载

在策略组态窗口中，两次单击工具条中的"新增策略行"按钮，新增两个策略行，并分别加载定时器策略构件，如图4-49所示。

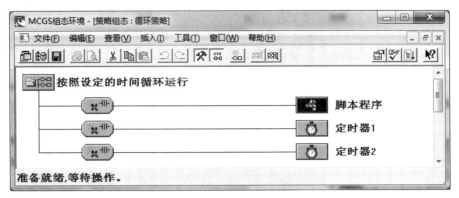

图4-49 定时器策略构件加载

（3）定时器构件属性设置

鼠标双击定时器 1 图标，弹出"定时器"属性设置对话框，单击浏览按钮，弹出数据对象列表，双击数据列表中的数据对象，即可使定时器构件与数据对象发生关联。将"设定值"设置为"5"；当前值设为"计时时间 1"；计时条件设为"定时器启停1"；复位条件设为"定时器复位 1"；计时状态设为"时间到 1"，如图 4-50 所示。定时器 2 的基本属性设置如图 4-51 所示。

图4-50 定时器1基本属性设置

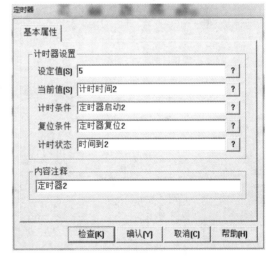

图4-51 定时器2基本属性设置

（4）定时器测试

1）在大门监控窗口新增图4-52所示的测试界面。

2）对界面中的"▇▇▇▇"和按钮进行动画连接。要求系统运行时，八个"▇▇▇▇"分别显示其左侧按钮名称或标签内容提示的数据对象值，单击按钮，实现该按钮名称对应变量的值在状态 0 和状态 1 之间切换。

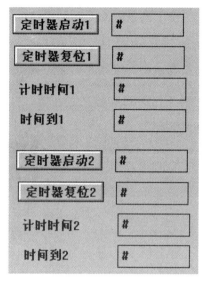

图 4-52　定时器测试界面

3）按〈F5〉快捷键进入运行环境，依次单击页面中的"定时器启动 1""定时器复位1"、"定时器启动 2""定时器复位 2"按钮，观察定时器 1、定时器 2 能否正常工作。

（5）脚本程序设计

双击图标 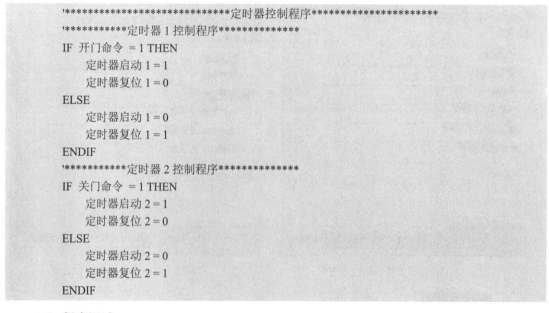，进入脚本程序编辑环境，新增如下语句。

```
'***************************定时器控制程序*********************
'**********定时器 1 控制程序**************
IF 开门命令 ＝1 THEN
    定时器启动 1＝1
    定时器复位 1＝0
ELSE
    定时器启动 1＝0
    定时器复位 1＝1
ENDIF
'**********定时器 2 控制程序**************
IF 关门命令 ＝1 THEN
    定时器启动 2＝1
    定时器复位 2＝0
ELSE
    定时器启动 2＝0
    定时器复位 2＝1
ENDIF
```

（6）程序调试

按〈F5〉快捷键进入运行环境，依次执行如下操作。

1）按下开门按钮，观察定时器 1 是否启动。

2）按下关门按钮，观察定时器 2 是否启动。

三、报警灯控制

二维码 4-6
控制程序设计
（报警灯）

1. 报警灯控制思路分析

根据电动大门控制要求描述可知，按下开门按钮后，报警灯开始闪烁，门碰到开门限位开关时，报警灯停止闪烁；按下关门按钮时，报警灯开始闪烁，门碰到关门限位开关时，报警灯停止闪烁；按下停止按钮，报警灯停闪。结合控制要求分析报警灯的控制思路，具体见表 4-7。

表 4-7　报警灯控制编程思路

思路分析			思路描述
开门过程报警灯闪烁条件	按下开门按钮	开始闪烁	当开门命令 =1 且开门限位开关 =0 时，报警灯 =1
	碰到开门限位开关时	停止闪烁	
	按下停止按钮	停止闪烁	
关门过程报警灯闪烁条件	按下关门按钮	开始闪烁	当关门命令 =1，关门限位开关 =0 且安全触板 =0 时，报警灯 =1
	碰到关门限位开关或夹到人或物品时	停止闪烁	
	按下停止按钮或者夹到人或物品时	停止闪烁	

2. 变量定义

在"实时数据库"中新增表 4-8 所示的数据对象。

表 4-8　画面动画数据对象

变量名	类　型	初　值	注　释
报警灯控制信号 1	开关型	0	报警灯控制信号 1，=1，开门过程报警灯闪烁，=0，停止闪烁
报警灯控制信号 2	开关型	0	报警灯控制信号 2，=1，关门过程报警灯闪烁，=0，停止闪烁

3. 报警灯控制程序设计

双击图标，进入脚本程序编辑环境，在按钮控制程序段之后，输入下面的程序。

```
'***********报警灯控制程序*************************
'***********开门过程报警灯控制******************
IF 开门命令 =1 AND 开门限位开关 =0 THEN
报警灯控制信号 1=1
ELSE
报警灯控制信号 1=0
ENDIF
'***********关门过程报警灯控制******************
IF 关门命令 =1  AND 关门限位开关 =0 AND 安全触板 =0 THEN
报警灯控制信号 2=1
ELSE
报警灯控制信号 2=0
ENDIF
'*********开门、关门过程报警灯控制*****************
IF 报警灯控制信号 1=1  OR 报警灯控制信号 2=1 THEN
报警灯 =1
```

```
ELSE
报警灯 = 0
ENDIF
```

4. 程序调试

按〈F5〉快捷键进入运行环境，在电动大门监控窗口依次完成如下操作，并观察运行结果，验证报警灯控制程序正确性。

1）单击开门按钮，观察报警灯是否闪烁。

2）单击开门限位开关或停止按钮，观察报警灯是否停止闪烁。

3）单击关门按钮，观察报警灯是否闪烁。

4）单击关门限位开关、停止按钮或安全触板，观察报警灯是否停止闪烁。

四、开关门动作控制

二维码 4-7
控制程序设计
（开关门）

1. 报警灯控制思路分析

根据电动大门控制要求描述可知，按下开门按钮 5 s 后，开门接触器闭合，门开始打开；按下关门按钮 5 s 后，门开始关闭；按下停止按钮，开门接触器与关门接触器均断开。结合控制要求分析开关门的控制思路，具体见表 4-9。

表 4-9　开关门控制编程思路

	思路分析		思路描述
开门控制	按下开门按钮 5 s 后	开门接触器闭合	当时间到 1 = 1 且开门限位开关 = 0 时，允许执行开门动作
	碰到开门限位开关	开门接触器断开	
	按下停止按钮	开门接触器断开	
关门控制	按下关门按钮 5 s 后	关门接触器闭合	当时间到 2 = 1，关门限位开关 = 0，且安全触板 = 0 时，允许执行关门动作
	碰到关门限位开关	关门接触器断开	
	按下停止按钮	关门接触器断开	
	夹到人或者物品	关门接触器断开	

2. 开关门控制程序设计

进入脚本程序编辑环境，在报警灯控制程序段之后，输入下面的程序。

```
'****************************大门控制程序*********************
IF 时间到 1 = 1 AND 开门限位开关 = 0 THEN
开门继电器 = 1
ELSE
开门继电器 = 0
ENDIF
IF 时间到 2 = 1 AND 关门限位开关 = 0　AND 安全触板 = 0　THEN
关门继电器 = 1
ELSE
关门继电器 = 0
ENDIF
```

148

3．程序调试

按〈F5〉快捷键进入运行环境，在电动大门监控窗口依次完成如下操作，并观察运行结果，验证大门控制程序正确性。

1）单击开门按钮，观察 5s 后大门和右箭头是否正常运行。

2）单击开门限位开关或停止按钮，观察 5s 后大门和右箭头是否停止运行。

3）单击关门按钮，观察 5s 后大门和左箭头是否正常运行。

4）单击关门限位开关、停止按钮或安全触板，观察 5 s 后大门和左箭头是否正常运行。

任务 4.6　组态与 PLC 通信

MCGS 通过设备窗口建立系统与外部硬件设备的连接关系。由于 MCGS 已将设备的操作方法如硬件参数配置、数据转换、设备调试等都封装在构件之中，设备构件是 MCGS 对外部设备实施设备驱动的中间媒介。根据 MCGS 实际连接的设备在设备窗口中添加对应的设备构件，并设置相关的属性，可以使系统从外部设备读取数据并控制外部设备的工作状态，从而实现对工业过程的实时监控。

若 MCGS 需要对外部多个不同的硬件设备进行监控，只需分别定制外部设备相应的设备构件，放置到设备窗口中，并设置相关的属性，系统就可对这些设备进行操作。本次任务主要在 MCGS 中进行三菱 FX-3U PLC 设备的连接与配置，实现 MCGS 与 PLC 通信，PLC通过三菱 SC-09 编程电缆与计算机相连接。具体连接过程包括设备添加、设备属性设置以及设备调试三个部分。

一、设备添加

1）单击工作台窗口中的"设备窗口"选项卡，进入设备窗口，如图 4-53 所示。

图 4-53　设备窗口

2）鼠标双击设备窗口图标或单击"设备组态"按钮，打开设备组态窗口，如图 4-54所示。

3）单击工具条中的"工具箱"按钮，打开设备工具箱，如图 4-55 所示。

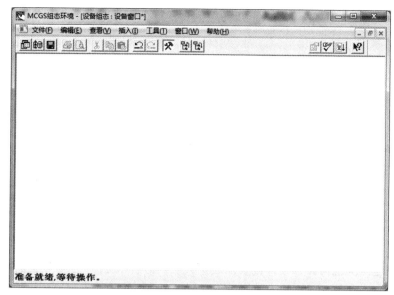

图 4-54　设备组态窗口

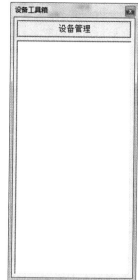

图 4-55　设备工具箱

4）观察所需的设备是否显示在设备工具箱内，如果所需设备没有出现，则用鼠标单击设备工具箱中的"设备管理"按钮，打开设备管理器，设备管理器左边列出的是系统现在支持的所有设备，右边列出所有已经登记的设备。根据任务要求需连接的设备是"三菱 FX-3U PLC"，且 PLC 设备通过三菱 SC-09 编程电缆与计算机相连接。因此在可选设备列表中需添加两个设备。

① 双击"通用串口父设备"，将其添加到右侧选定设备列表中。

② 双击"PLC 设备"，弹出树状列表项，在其中选择"三菱"选项进行双击，出现"三菱 FX 系列编程口"图标，再双击其下的"三菱_FX 系列编程口"图标，即可将"三菱_FX 系列编程口"添加到右侧选定设备列表中，如图 4-56 所示。

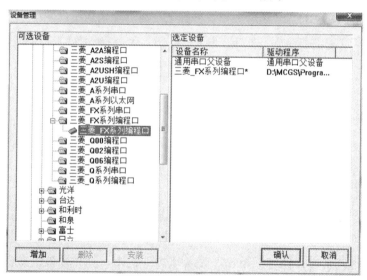

图 4-56　设备管理器

5）鼠标双击设备图 4-57 工具箱内对应的设备构件，或选择设备构件后，鼠标单击设备窗口，将选中的设备构件设置到设备窗口内，完成加载后的设备组态窗口如图 4-58 所示。

图 4-57　添加设备后的设备工具箱　　　　图 4-58　完成加载后的设备组态窗口

注意：系统目前支持的所有设备驱动程序默认安装在 D:\MCGS\Program\Drivers 目录下。

二、设备属性设置

1. 通用串口父设备

通用串口父设备是提供串口通信功能的父设备，下面可以挂接所有通过串口连接的设备，提供通过 MODEM 进行远程采集或远程监听的功能，并可以在运行时动态改变拨出的电话号码。串口通信设置可通过设置通用串口设备"基本属性"选项卡而实现，远程采集或监听则需要通过设置通用串口设备"电话连接"选项卡而实现。

（1）基本属性设置

串口设备"基本属性"选项卡如图 4-59 所示，在此页面中可设置串口的设备名称、设备注释、初始工作状态、最小采集周期、串口端口号、通信波特率、数据位位数、停止位位数、数据校验方式和数据采集方式等基本属性。

1）设备名称：可根据需要对设备重新命名，但不能和设备窗口中已有的其他设备构件同名。

2）最小采集周期：MCGS 运行时对设备进行操作的时间周期，单位为 ms，一般在静态测量时设为 1000 ms，在快速测量时设为 200 ms。

3）初始工作状态：用于设置设备的起始工作状态。设置为启动时，在进入 MCGS 运行环境时，MCGS 即自动开始对设备进行操作；设置为停止时，MCGS 不对设备进行操作，但可以用 MCGS 的设备操作函数和策略在 MCGS 运行环境中启动或停止设备。

图 4-59 串口设备"基本属性"选项卡

4）串口端口号：用于设置需要使用的串口号，必须和通信设备实际所接的串口号一致。

5）通信波特率：用于设置通信串口的波特率，必须和通信设备实际支持的通信速率一致。通用串口父设备支持 110 bit/s、300 bit/s、600 bit/s、1200 bit/s、2400 bit/s、4800 bit/s、9600 bit/s、14400 bit/s、19200 bit/s、38400 bit/s、56000 bit/s、57600 bit/s、115200 bit/s、128000 bit/s、256000 bit/s，若使用 MODEM 远程采集，则不支持 56000 bit/s、128000 bit/s、256000 bit/s，若选择了 56000 bit/s，则实际为 57600 bit/s，若选择了 12800 bit/s、256000 bit/s，则实际为 1152000 bit/s。

6）数据位位数：用于设置通信串口的数据位位数，分别为 5、6、7、8 位。

7）停止位位数：用于设置通信串口的停止位位数，1 或 2 位。

8）数据校验方式：用于设置通信串口的数据校验方式，无、奇、偶、标志位、空格位。

9）数据采集方式：当数据采集方式规定了串口父设备下的子设备的采集方式，使用同步采集时，所有子设备都按照父设备的采集周期依次采集。使用异步采集时，每个子设备可以设置自己的采集时间，在需要的时候采集。当子设备的采集时间设置为 0 时，此子设备是否采集数据仅受设备命令控制。

10）MODEM 响铃次数：只有在远程采集时有效，可不设置。使用默认值通信方式，默认为本地通信，若要实现远程拨号采集，则应该把该选项设置为 MODEM 远程通信。

注意：父设备下的所有子设备的通信参数（波特率、数据位、停止位、校验和）必须和父设备完全相同，子设备的采集周期在异步采集时可以不同，且可比父设备的采集周期短。

（2）电话连接设置

串口设备"电话连接"选项卡如图 4-60 所示。勾选"RTS 延时控制"，选择使用 RTS 延时控制后，可以设置两个等待时间，这两个等待时间的作用是对 RTS 信号进行翻转后，延时等待的时间。假设这两个时间分别为 t_1 和 t_2，则整个通信过程如下：RTS 信号开，延时 t_1 后，上位机开始发送数据，数据发送完毕后，延时 t_2 后，RTS 信号关，上位机开始等待数据到达。此功能主要使用于半双工的无线电台、部分 Hart-232 转换器和部分半双工的通信转换器，这些转换器都要求在数据发送前，在 RTS 上建立高电平信号，通知转换器处于发送状态，发送完毕后，接收数据前，把 RTS 信号置低，使得转换器处于接收状态。通过仔细地调整延时时间的长短，可以保证系统工作的稳定可靠。勾选"使用 Modem"，则可以使用 MODEM 来进行通信。

2．三菱 FX 系列编程口

MCGS 支持国内外常见的 PLC 设备，包括 AB、GE、LG、三菱、光洋、台达、何利时、富士、西门子、欧姆龙、莫迪康等。通过合理设置属性，MCGS 可实现读写 PLC 各种类型的寄存器。

三菱 FX 系列编程口"基本属性"选项卡如图 4-61 所示，要使 MCGS 能正确操作 PLC 设备，需完成如下设置。

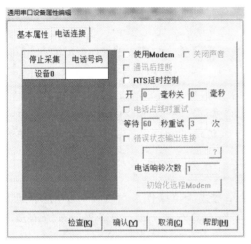

图 4-60　串口设备"电话连接"选项卡　　　图 4-61　三菱 FX 系列编程口"基本属性"选项卡

1）设备名称、采集周期和初始工作状态设置同通用串口父设备。

2）内部属性：单击"设置设备内部属性"栏中的按钮，弹出"三菱 FX 系列编程口通道属性设置"对话框，如图 4-62 所示。单击该对话框中"增加通道"按钮，弹出"增加通道"对话框，如图 4-63 所示，设置 PLC 的读写通道，以便后面进行设备通道连接，从而把设备中的数据送入实时数据库中的指定数据对象或把数据对象的值送入设备指定的通道输出。

图 4-62　"三菱 FX 系列编程口通道属性设置"对话框

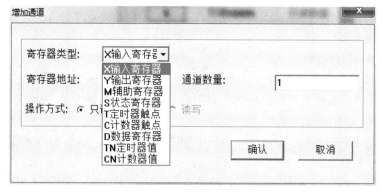

图 4-63 "增加通道"对话框

三菱 FX 系列编程口设备构件把 PLC 的通道分为只读、只写和读写三种情况。只读通道用于把 PLC 中的数据读入 MCGS 的实时数据库中；只写通道用于把 MCGS 实时数据库中的数据写入 PLC 中；读写通道则可以从 PLC 中读数据，也可以往 PLC 中写数据。当第一次启动设备工作时，把 PLC 中的数据读回来，之后设备会将变化的值往下写，这种操作的目的是，用户 PLC 程序中有些通道的数据在计算机第一次启动，或计算机中途死机时不能复位。

三菱 FX 系列编程口设备构件可操作 PLC 的多种寄存器、定时器和计数器。X 输入继电器操作方式为位操作，只读；Y 输出继电器操作方式为位操作，可读可写；M 中间继电器操作方式为位操作，可读可写；D 变量存储器操作方式为字、双字、浮点，可读可写；对于其他的寄存器则使用 D 寄存器，或 M 继电器。

三、设备调试

三菱 FX 系列编程口设备构件对 PLC 设备的调试分为读和写两个部分。图 4-64 所示的"通道连接"选项卡中，显示的是读 PLC 通道；图 4-65 所示的"设备调试"选项卡中显示的是 PLC 中这些指定单元的数据状态。

图 4-64 "通道连接"选项卡

图 4-65 "设备调试"选项卡

通过设备调试可检查和测试本构件和 PLC 的通信连接是否工作，若通信状态的值为 0，则代表通信正常。若通信状态的值不为 0，则务必注意在进行调试前检查 PLC 是否上电、通信单元的各种跳线设置是否正确、计算机和通信单元之间的通信线是否正确连接、通信参数设置是否正确、寄存器的操作是否超出范围等。若通信状态的值时而为 0，时而为 1，表示通信不可靠，原因可能是通信距离太远超过 50 m、采样周期太短等。

例 4-1：设计基于组态监视的简单信号灯 PLC 控制系统，具体要求如下。

（1）按下红灯控制按钮，红灯亮；按下黄灯控制按钮，黄灯亮；按下绿灯控制按钮，绿灯亮。

（2）设计信号灯控制系统的监视界面。

（3）PLC 的 I/O 分配表见表 4-10 和表 4-11。

表 4-10 输入地址分配

输入地址	对应的外部设备
X0	红灯控制按钮信号
X1	黄灯控制按钮信号
X2	绿灯控制按钮信号

表 4-11 输出地址分配

输出地址	对应的外部设备
Y0	红灯
Y1	黄灯
Y2	绿灯

具体设计步骤如下。

（1）PLC 程序编辑与调试

1）PLC 程序编辑。根据表 4-10 和表 4-11 所示的 I/O 分配，使用三菱 PLC 编程软件 GX Developer 设计信号灯控制程序，程序梯形图如图 4-66 所示。

图 4-66 信号灯 PLC 控制程序

2）PLC 参数设置。使用 GX Developer 软件配置三菱 FX 系列 PLC 串口通信，既可以采用编程的方法进行实现，也可以通过页面参数配置的方法进行操作，相比来说后一种方法更易于实现，具体步骤如下。

① 启动 GX Developer 软件，打开信号灯 PLC 程序，在程序设计窗口（见图 4-67），左侧工程树中单击"参数"，再双击"PLC 参数"，弹出"FX 参数设置"对话框。

图 4-67　PLC 程序设计窗口

② 单击"PLC 系统（2）"选项卡，完成 PLC 通信参数设置。勾选"通信设置操作"，参数采用默认值。协议设为"无通信协议"；数据长度设为"7"；奇偶设为"奇数"；停止位设为"1 位"；传输速率设为"9600"，如图 4-68 所示。

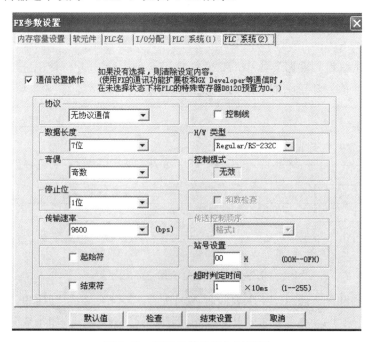

图 4-68　"FX 参数设置"对话框

③ 单击"FX 参数设置"对话框的"结束设置"按钮，保存退出。

3）通信测试。

① 执行 PLC 程序设计窗口"在线"菜单下的"传输设置"命令，弹出"传输设置"对话框，如图 4-69 所示。

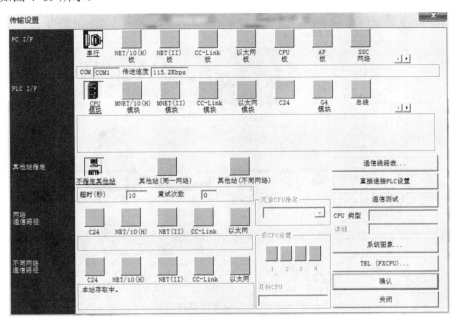

图 4-69 "传输设置"对话框

② 双击"传输设置"对话框中的图标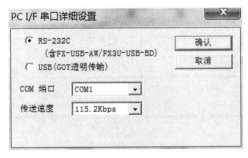，弹出"PC I/F 串口详细设置"对话框，如图 4-70 所示。若 PLC 通过三菱 SC-09 编程电缆与计算机相连接，则选择"RS-232C"，同样 COM 端口号也需要根据实际使用的计算机 COM 口进行选择。

图 4-70 "I/F 串口详细设置"对话框

③ 单击图 4-70 中的"确认"按钮，保存退出，再次返回"传输设置"对话框。

④ 单击图 4-69 中的"通信测试"按钮，接线及串口设置正确情况下将会弹出提示通信成功的对话框。

4）程序下载。执行"在线"菜单下的"PLC 写入"命令，将设置好的参数以及程序写入 PLC 中。

（2）组态设计

1）组态监视界面设计。

① 新建工程，新建用户窗口，单击窗口工具条中的"工具箱"按钮 🔧，打开动画构件工具箱。

② 利用"插入元件"构件 🖼，打开对象元件库管理窗口，如图 4-71 所示，选择"指示灯 7"插入用户窗口。

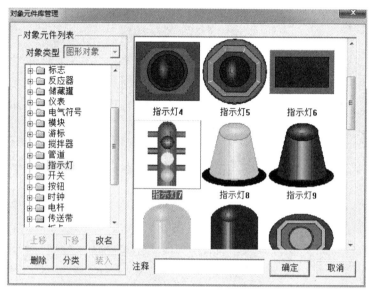

图 4-71　对象元件库管理窗口

2）组态所需变量。

① 单击工作台图标 🖥，打开工作台窗口。单击工作台中的"实时数据库"选项卡，进入实时数据库窗口。

② 单击"新增对象"按钮，在窗口的数据对象列表中，增加新的数据对象，见表 4-12。

表 4-12　基于组态监视的信号灯 PLC 控制系统变量表

变量名称	类　型	初　值	注　释
红灯	开关型	0	=1，红灯亮
黄灯	开关型	0	=1，黄灯亮
绿灯	开关型	0	=1，绿灯亮

3）动画连接。

① 双击图 4-72 所示监视界面的指示灯，弹出"动画组态属性设置"对话框。

② 打开"单元属性设置"对话框，页面中图元名均为"三维圆球"，自上而下分别对应红色、黄色、绿色圆球。

③ 将三个三维圆球"可见度"选项卡中的表达式分别与数据对象"红灯""黄灯""绿灯"相连，并且使得当表达式非零时，对应的图符可见，如图 4-73 所示。

图 4-72　信号灯控制系统监视界面

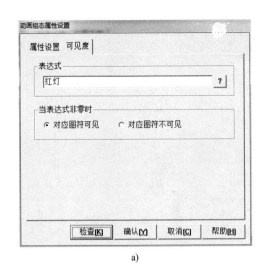
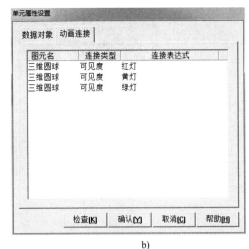

a)   b)

图 4-73　三维圆球可见度属性设置

4）组态与 PLC 通信。

① 鼠标双击设备窗口图标或单击"设备组态"按钮，打开设备组态窗口。

② 单击设备组态窗口工具条中的"工具箱"按钮，打开设备工具箱。

③ 单击设备工具箱中的"设备管理"按钮，打开设备管理窗口，如图 4-74 所示，将"通用串口父设备"与"三菱 FX 系列编程口"添加到选定设备列表中。单击设备管理窗口"确认"按钮，返回设备组态窗口，选定列表中的设备被添加到"设备工具箱"中，如图 4-75 所示。

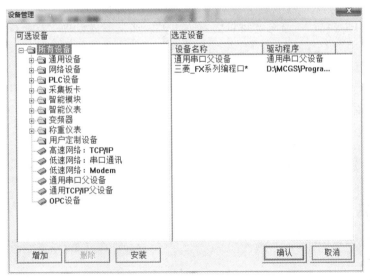

图 4-74　设备管理器   图 4-75　添加完成的设备工具箱

④ 依次双击设备工具箱中的"通用串口父设备"与"三菱 FX 系列编程口"，将选中的设备构件加载到设备组态窗口，如图 4-76 所示。

⑤ 设置通用串口父设备基本属性，如图 4-77 所示。串口端口号为"COM1"；通信波特率为"9600"；数据位位数为"7 位"；停止位位数为"1 位"；数据校验方式为"偶校验"。

图 4-76　设备组态窗口

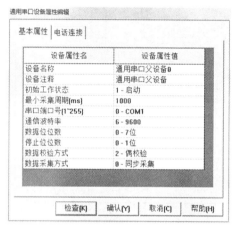

图 4-77　通用串口父设备基本属性

⑥ 设置三菱 FX 系列编程口内部属性。单击"设置设备内部属性"栏中的按钮，弹出"三菱 FX 系列编程口通道属性设置"对话框，单击该对话框中"全部删除"按钮，删除默认已添加的通道，如图 4-78 所示。再单击"增加通道"按钮，弹出"增加通道"对话框，寄存器类型选择"Y 输出寄存器"，寄存器地址设置为"0"，通道数量设为"3"，操作方式选择"只读"，如图 4-79 所示。单击"确认"按钮，重新返回"三菱 FX 系列编程口通道属性设置"对话框，窗口中已添加 Y0、Y1、Y2 三个通道，如图 4-80 所示。单击"确认"按钮，返回"设备属性设置"对话框。

⑦ 在"设备属性设置"对话框的"通道连接"选项卡中，将通道 Y0、Y1、Y2 分别与数据对象"红灯""黄灯""绿灯"相连，如图 4-81 所示。

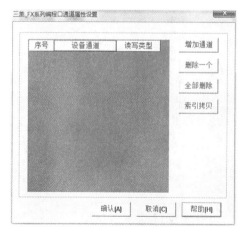

图 4-78　删除通道

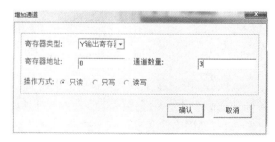

图 4-79　增加通道

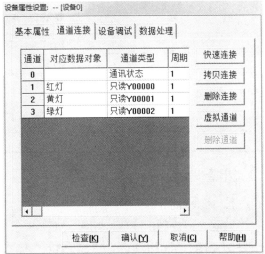

图 4-80　通道添加完成　　　　　　　　　图 4-81　通道连接

⑧ 在"设备调试"选项卡中，观察页面中"通信状态"的值，若值为 0 则表示通信正常，如图 4-82 所示。

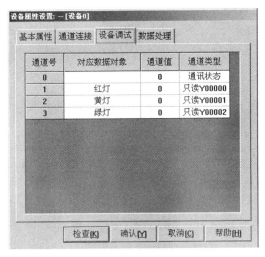

图 4-82　设备调试

（3）软硬件联调

1）运行 PLC 程序。

2）运行组态程序。

任务 4.7　基于组态监视的电动大门 PLC 控制系统设计

一、电动大门 PLC 控制程序设计

根据电动大门控制要求以及表 4-13 所示的 I/O 分配表编写 PLC 控制程序，并将 PLC 程序下载至计算机完成调试。

表 4-13　PLC 的 I/O 分配表

输入地址	对应的外部设备	输出地址	对应的外部设备
X0	开门按钮	Y0	开门继电器
X1	关门按钮	Y1	关门继电器
X2	停止按钮	Y2	报警灯
X3	开门限位开关		
X4	关门限位开关		

二、组态设计

1. 修改界面

电动大门控制由 PLC 实现，MCGS 仅对大门运行过程进行监视，所以删除大门监控系统界面上原有的"开门""停止"和"关门"按钮，并使用动画构件工具箱上的"标签构件"将数据库中重要的数据对象"开门按钮""关门按钮""停止按钮"等进行显示输出，便于后期大门 PLC 控制系统的联机调试，如图 4-83 所示。

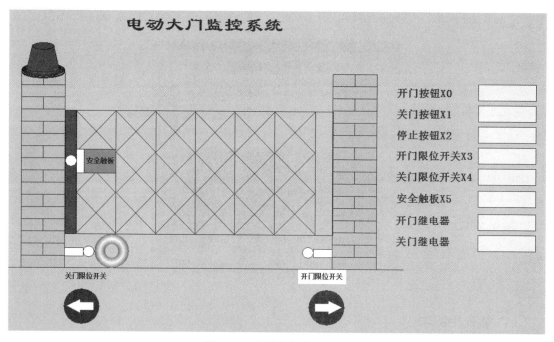

图 4-83　电动大门监视界面

2. 修改 MCGS 脚本程序

MCGS 仅做监视，所以删除原有的按钮控制、定时器控制、报警灯控制、开关门动作控制相关部分的程序代码，保留如下的画面动画控制程序。

IF 开门继电器 ＝1 THEN 水平移动参数 ＝ 水平移动参数 ＋1

IF 关门继电器 ＝1 THEN 水平移动参数 ＝ 水平移动参数 －1

3. PLC 连接与配置

1）在设备窗口加载"通用串口父设备"与"三菱 FX 系列编程口"，如图 4-84 所示。

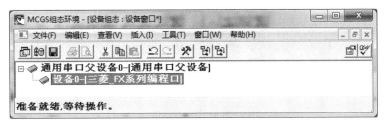

图 4-84 设备窗口组态

2）设置"通用串口父设备"基本属性，设置方法同信号灯监控系统（见图 4-77）。

3）设置"三菱 FX 系列编程口"属性，内部属性中的通道属性设置如图 4-85 所示，通道连接设置页面如图 4-86 所示。

图 4-85 通道属性设置

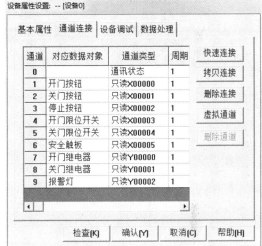

图 4-86 通道连接

三、联机调试

按〈F5〉快捷键进入运行环境，利用 PLC 模块上 X0～X5 输入信号模拟开门按钮、关门按钮、停止按钮、开门限位开关、关门限位开关的信号，观察监控画面中对应的显示值以及大门运行状态是否正确。

参 考 文 献

[1] 袁秀英，石梅香. 计算机监控系统的设计与调试：组态控制技术[M]. 3 版. 北京：电子工业出版社，2017.

[2] 李红萍. 工控组态技术及应用：MCGS[M]. 2 版. 西安：西安电子科技大学出版社，2018.

[3] 北京昆仑通态自动化软件有限公司. MCGS 中级教程[Z]. 北京：北京昆仑通态自动化软件有限公司，2009.